LA FILOSOFÍA Y LA TEORÍA DE LA RELATIVIDAD DE EINSTEIN

LA FILOSOFÍA Y LA TEORÍA DE LA RELATIVIDAD DE EINSTEIN

DR. ADALBERTO GARCÍA DE MENDOZA

México 1936

Copyright © 2012 por DR. ADALBERTO GARCÍA DE MENDOZA.

Número de Control de la Biblioteca del Congreso de EE. UU.: 2012901349
ISBN:
    Tapa Dura   978-1-4633-1620-4
    Tapa Blanda   978-1-4633-1622-8
    Libro Electrónico   978-1-4633-1621-1

Todos los derechos reservados. Ninguna parte de este libro puede ser reproducida o transmitida de cualquier forma o por cualquier medio, electrónico o mecánico, incluyendo fotocopia, grabación, o por cualquier sistema de almacenamiento y recuperación, sin permiso escrito del propietario del copyright.

Este Libro fue impreso en los Estados Unidos de América.

Para pedidos de copias adicionales de este libro,
por favor contacte con:
Palibrio
1663 Liberty Drive, Suite 200
Bloomington, IN 47403
Llamadas desde los EE.UU. 877.407.5847
Llamadas internacionales +1.812.671.9757
Fax: +1.812.355.1576
ventas@palibrio.com

INDICE

PRIMERA CONFERENCIA

Naturaleza de las Leyes Científicas. 13
    Objeto de la ciencia. 13
    Ciencias Naturales y Ciencias culturales. 14
    Concepto científico. 16
    Leyes científicas. 17
    La historia es ciencia? 17

SEGUNDA CONFERENCIA

La Teoría de la Relatividad y la conceptuación científica. 20
    Carácter del concepto eidético. 20
    Naturaleza de las leyes científicas y la teoría de la relatividad. 20
    La teoría de la Relatividad y la naturaleza de la concepción científica. 21
    Los hechos deben estructurar las leyes. 22
    La nueva matemática para lo contingente. 22

TERCERA CONFERENCIA

Inutilidad de algunas hipótesis tradicionales en la investigación de la realidad física. 25
    Ciencias eidéticas y ciencias fácticas. 25
    La Teoría de la Relatividad en el campo de las ciencias fácticas. 25
    Abstención de hipótesis. 26
    La infinitud del espacio no tiene significación. 27
    El espacio no es absoluto. 28
    La gravitación como propiedad de la materia. 29
    Rechacemos varias hipótesis inconfirmadas. 29

CUARTA CONFERENCIA

Einstein no es matemático en la acepción tradicional del término. 32
    Una nueva matemática. 32
    Einstein no es matemático. 32
    La Matemática tradicional es incompatible con el campo fáctico. 32
    Principio de incertidumbre. 34
    La Relatividad formula una nueva matemática. 38

QUINTA CONFERENCIA

Precursores de las Geometrías no-Euclidianas. 41
    La Geometría euclídea y el quinto postulado. 41
    La doctrina de Saccheri. 42
    Relaciones entre las doctrinas de Euclides y Saccheri. 44
    La doctrina del paralelismo de Lambert. 45
    El parómetro y las diversas Geometrías. 46

SEXTA CONFERENCIA

Principales Geometrías no-Euclidianas. 48
    Principales Geometrías. 48
    La doctrina de Taurinius. 48
    La Geometría no-Euclídea de Nicolás Lobatschewskij. 49
    La doctrina de Bolyai. 50
    Consideraciones generales. 51
    Nociones comunes y diferentes en las tres Geometrías. 51
    a).- Algunas nociones comunes para las tres Geometrías. 51
    b).- Definiciones y postulados idénticos. 52

SEPTIMA CONFERENCIA

La Gravedad y las Geometrías no-Euclidianas.-
El Universo de cuatro dimensiones.- La Relatividad generalizada. 56
    Las Geometrías no-Euclidianas y las curvaturas del Universo............. 56
    Confirmación de la doctrina de Leibniz................................57
    Exposición de la doctrina de Leibniz..................................57
    La unificación a través de la doctrina del Campo. 57
    El Universo de cuatro dimensiones. 58
    Las tres dimensiones del espacio......................................58
    Tres problemas con referencia a estas cuestiones.....................59

OCTAVA CONFERENCIA

La Cuarta Dimensión. 63
    Cada sistema tiene su espacio y tiempo determinados. 64
    El espacio determinado por el tiempo. 66
    El espacio y tiempo relativos. 67

NOVENA CONFERENCIA

La Gravedad determina la forma del Universo. 70
    La gravedad es inmanente a la materia. 71
    La gravedad determina la forma del Universo. 71
    No existe la línea recta. 72
    Las geodésicas de Gauss. 73

DECIMA CONFERENCIA

El intervalo astronómico.- El Universo es finito pero ilimitado. 76
    El intervalo astronómico. 76
    El principio de eliminación..76
    La Geometría del Universo. 77
    La gravedad y las Geometrías no-Euclidianas. 78

ONCEAVA CONFERENCIA

La Filosofía y la Teoría de la Relatividad. 82
    El concepto eidético y el concepto fáctico. 82
    El realismo y el idealismo. 82
    El Humanismo. 83

DECIMA SEGUNDA CONFERENCIA

La experimentación de la teoría de la relatividad. 88
    Principio general. 88
    Velocidad de la luz. 88
    Valor de algunas constantes. 89
    La línea recta y la geodésica. 90
    Composición de velocidades. 90
    El espacio y el tiempo. 91
    El Universo tetradimensional. 91
    La Simultaneidad. 91
    Leyes de la óptica, mecánica y electro-magnetismo. 93
    La gravedad y la forma del Universo. 93

DECIMA TERCERA CONFERENCIA

El Relativismo y la Teoría de la Relatividad.- Relatividad y no relativismo.. 95
    El Relativismo. 95
    Relativismo ingenuo y subjetivo. 95
    Relativismo en el campo utilitario. 96
    El Pragmatismo. 96
    El Economismo epistemológico. 96
    La Filosofía del "como si". 97
    El Criticismo Kantiano. 97
    La Doctrina de Spengler. 97
    El Perspectivismo de Ortega y Gasset. 98
    La tesis de Einstein. 98

DECIMA CUARTA CONFERENCIA

El Objetivismo y la Teoría de la Relatividad. 102
    Formulismo y objetivismo. 102
    Tesis Platónica. 102
    Tesis Aristotélica. 102
    Tesis Medioeval. 103
    Tesis del Renacimiento. 103
    Nicolás de Cusa y Copérnico. 103
    Giordano Bruno. 104
    Kepler y Galileo. 104
    Leibniz y Newton. 104
    El Subjetivismo y Formalismo de Kant. 105
    La Física actual frente a esas posiciones. 106

DECIMA QUINTA CONFERENCIA

Evolución del concepto de espacio en Newton y Einstein. 110

TEMAS Y TESIS PARA LOS CAPITULOS ANTERIORES. 115
    Temas para el primer capítulo. 115
    Temas para el segundo capítulo. 115
    Temas para el tercer capítulo. 116
    Temas para el cuarto capítulo. 116
    Temas para el quinto capítulo. 117
    Temas para el sexto capítulo. 117
    Temas para el séptimo capítulo. 117
    Temas para el octavo capítulo. 118
    Temas para el noveno capítulo. 118
    Temas para el décimo capítulo. 118
    Temas para el onceavo capítulo. 119
    Temas para el doceavo capítulo. 119
    Temas para el décimo-tercer capítulo. 119

    Temas para el décimo-cuarto capítulo. 120
    Temas para el décimo-quinto capítulo. 120

BIBLIOGRAFIA. 123
    Obras generales de la teoría. 123
    Obras sobre la Relatividad restringida. 125
    Obras sobre la Relatividad generalizada. 126
    Obras sobre las fuentes de la teoría. 127

Albert Einstein en 1921 después de recibir el Premio Nobel en Fisica.

LA TEORIA DE LA RELATIVIDAD DE EINSTEIN.

Conferencias sustentadas por el Ing. Adalberto García de Mendoza, en la Facultad de Ingenieros de la Universidad de Nuevo León, en el año de 1934; con motivo de la Inauguración de la citada Universidad.

PRIMERA CONFERENCIA.

NATURALEZA DE LAS LEYES CIENTIFICAS.

OBJETO DE LA CIENCIA.

Toda ciencia tiene por objeto primordial investigar, descubrir, tanto las leyes de la naturaleza, como las de la cultura. Dos amplios campos perfectamente diferenciados por científicos y filósofos. La escuela de Baden siempre ha apoyado esta separación a través de sus mejores doctrinarios como Windelband y Rickert. La distinción no sólo obedece a una estructura de naturaleza, de contenido; sino también al aspecto metodológico de ambas ciencias. La naturaleza es la que se da espontáneamente, sin ningún esfuerzo colectivo de parte del hombre. Todos sus procesos son acatados como necesarios, es decir, con la fatalidad de ese encadenamiento de causa a efecto. Se puede decir en cierto modo que son fatales. La cultura es creada por el hombre mismo, sujeta su creación, a las exigencias históricas de la época, como resultado de las aspiraciones, los anhelos y las necesidades que se imponen a cada instante a la vida de los pueblos.

Frente a este criterio de carácter ontológico, ya tendremos oportunidad de exponer nuestro punto de vista, en lo que se refiere a los problemas relacionados con el determinismo y el causalismo en el campo de los fenómenos naturales.

CIENCIAS NATURALES Y CIENCIAS CULTURALES.

Por ahora señalaremos como ciencias naturales tanto a la física, teoría del átomo, astronomía, química, biología, psicología, etc. Con respecto a la sociología podemos estimarle dos aspectos: uno natural y otro cultural; este último ampliamente desarrollado en la obra de Scheler. En el campo de las ciencias culturales, podemos colocar las disciplinas que directamente tienen que ver con los valores superestructurales: Estética, Religión, Derecho, Ética, etc. – Rickert afirma entre otras cosas lo siguiente:

"Los productos cultivados son los que el campo da cuando el hombre los ha labrado y sembrado. Los productos naturales son los que brotan libremente de la tierra; según esto es Naturaleza el conjunto de lo nacido por sí, oriundo de sí y entregado a su propio crecimiento. Enfrente está la cultura, ya sea como lo producido directamente por un hombre actuando según fines valorados, ya sea, si la cosa existe de antes, como lo cultivado intencionadamente por el hombre, en atención a los valores que en ello residan".

Con estas frases se delimitan los campos de la Naturaleza y de la Cultura. Debe tenerse muy presente que en los procesos naturales siempre está incorporado algún valor "reconocido por el hombre y en atención al cual el hombre los produce, ó si ya existe los cuida y cultiva". En cambio, los procesos naturales no tienen absolutamente ninguna relación con los valores.

Esta división se aleja considerablemente de la clasificación tradicional, entre ciencias del espíritu y ciencias de la naturaleza; pues en este caso, la naturaleza se refiere al ser corporal y el espíritu al ser anímico. Se ve inmediatamente que en el campo de las ciencias del espíritu, se encuentran las controversias más hondas, pues en primer lugar, no existe un criterio perfectamente definido, para señalar un límite entre el espíritu y la materia y la psicología que estudia procesos o vivencias psíquicas, queda en un campo que no le corresponde.

Dentro de la nueva clasificación, el objeto de la Psicología, pertenece al campo de la Naturaleza, pues ella se reduce al estudio de las vivencias psíquicas, sin referencia a un valor determinado y sin realizar la integración del individuo ni de la colectividad.

Sin embargo, el concepto de las ciencias culturales, lleva implícito el de valor cultural, uno de los mejores elaborados en la filosofía contemporánea.

No obstante este adelanto en la clasificación que tiene una fuerte fundamentación en el problema metodológico, adolece del defecto de no poder clasificar determinadas ciencias, ni en el campo de la naturaleza, ni en el de la cultura. Así, por ejemplo, la matemática queda fuera de la especulación, supuesto que se refiere a objetos que no son naturales ni tienen tampoco una referencia a un valor. El mismo Rickert nos dice: "La ciencia del ser ideal, como la matemática, no pertenecen ni a uno ni a otro grupo y por lo tanto no figuran en nuestro desarrollo".

Para resolver esta dificultad, más tarde expondremos otra clasificación que dentro del campo de la filosofía fenomenológica presentan, entre otros filósofos, Edmundo Husserl, Nicolás Hartmann.

Por ahora nos vamos a referir a los criterios metodológicos de las ciencias naturales, de las culturales y de las ciencias de objetos ideales como la Matemática.

EL CONCEPTO CIENTIFICO.

Lo fundamental consiste en investigar la naturaleza de los conceptos que se encuentran en estas diversas ciencias. El concepto más especulado es el de la ciencia natural. Toda la lógica tradicional que se remonta a las lucubraciones hindúes con Gotama y griegas con Aristóteles, hasta llegar a los últimos doctrinarios como Stuart Mill y Sigwart; han dedicado toda su atención a este objetivo y es, por ello, por lo que las ciencias históricas carecen de una seria fundamentación conceptual. En esto consiste una de las grandes reformas de la lógica contemporánea, que amplía considerablemente su visión, al estudiar el concepto que se encuentra en las ciencias culturales. Pero aún tendríamos que afirmar que ni siquiera se ha estudiado suficientemente todos los aspectos de la conceptuación naturalista y, en últimas cuentas, sólo se ha hecho un estudio del concepto elaborado únicamente en las ciencias matemáticas. Recuérdese la tésis Kantiana de los juicios sintéticos a priori, objeto de la ciencia en general. Estos juicios, que para Kant constituyen la base de toda ciencia, no son otra cosa que juicios matemáticos y a lo sumo sacados de la mecánica racional. Sólo los intentos de una teoría completa de la inducción, emprendidos recientemente por Stuart Mill, y las contribuciones magníficas de Rogerio Bacon, Lord Bacon y otros contadísimos pensadores de épocas posteriores; han hecho prever una disciplina que mejor descifre la naturaleza de los conceptos logrados inductivamente.

En general podemos decir que los conceptos sacados de la ciencia natural, o mejor dicho, que constituyen la ciencia natural, son los conseguidos por la comparación de objetos dados empíricamente y que pueden tener una universalidad que nunca podrá sostenerse en lo únicamente experimentable. Por supuesto que aquí no trataremos de la naturaleza íntima de estos conceptos, tomando las tres posiciones clásicas del Nominalismo, Realismo y Conceptualismo; las cuales creemos superadas con nuestra doctrina sobre los universales, con una base fenomenológica y expuesta en nuestra Lógica.

LAS LEYES CIENTIFICAS.

El contenido del concepto consiste en lo que llamamos leyes. Estas pretenden tener el carácter más completo de universalidad, oponiéndose el carácter individual de la naturaleza. "Un concepto es universal, nos dice Rickert, cuando no contiene nada de la peculiaridad e individualidad de ésta ó aquélla determinada y singular realidad"; el carácter de universalidad que pretenden tener las ciencias naturales, constituye lo que desde hace mucho tiempo se ha afirmado como su principio de valides lógica.

LA HISTORIA ES CIENCIA?

Si ahora pasamos al campo de las ciencias históricas, nos encontramos con que los conceptos no admiten esta universalidad. Los hechos históricos son individuales por esencia y no podrá sacarse de ellos una ley que llegue a tener una fundamentación universalista. De aquí que se haya creído pertinente iniciar la doctrina de la conceptuación individualizadora. Uno de los conceptos más notables de la lógica contemporánea. Su elaboración tiene raíces en la diferencia lógica entre ciencia natural e histórica, establecida por Schopenhauer, aún cuando este eminente filósofo negara el carácter científico de la historia. La doctrina se elabora a través de las obras de Harms "La Filosofía en la Historia", Naville "De la Clasificación de las Ciencias", Simmel "Los Problemas de la Filosofía de la Historia", Paul "Principios de la Historia del Lenguaje" y Windelband "Historia y Ciencia Natural", sobre todo estos dos últimos autores. Paul, haciendo la distinción entre ciencia de leyes y ciencias históricas y Windelband, entre el proceder nomotético de las ciencias naturales frente al proceder ideográfico de la Historia.

Ya en su debida ocasión nos referimos a este mismo punto dentro de la obra spengleriana.

Como una verdadera oposición a la tésis que considera y toma en cuenta las ciencias históricas; aún más, a su fundamentación en los conceptos de carácter individual, podemos decir que se encuentran la teoría negativa del estagirita. Para Aristóteles no hay ciencia de lo singular y particular, sólo hay ciencia de lo general.

Es cierto que con respecto a los elementos conceptuados últimos elementos de los conceptos científicos, no caben diferencias formales entre los métodos de las ciencias naturales y culturales. "La cuestión debe formularse, pues, de esta manera: los conceptos científicos que se forman con esos elementos universales, son siempre universales? nos argumenta el mismo Rickert. Desde este punto de vista podremos afirmar que el método naturalista conduce siempre a leyes de carácter universal.

Cabe investigar cómo la ciencia histórica expone, manifiesta, la particularidad e individualidad de la realidad que estudia. Esto lo dejaremos para una oportunidad. De todas maneras podemos concluir aseverando que la universalidad no es el carácter peculiar de las leyes científicas, y que por lo tanto, se empieza por nueva senda de investigación científica.

Edificio en Ulm, Alemania donde nació Albert Einstein

SEGUNDA CONFERENCIA.

LA TEORIA DE LA RELATIVIDAD Y LA CONCEPTUACION CIENTIFICA.

CARACTER DEL CONCEPTO EIDETICO.

Si ahora nos referimos a la naturaleza del concepto en el campo de los seres ideales, por ejemplo en la matemática, podemos llegar a concluir de una manera definitiva, que el carácter de universalidad debe sostenerse en toda la línea. Ya sobre esto se han dicho las cosas más serias, tanto por los filósofos, como por los matemáticos de más amplia reputación cultural, entre ellos, Leibniz, uno de los pocos matemáticos con una amplísima visión filosófica y también uno de los pocos filósofos con una bastísima elaboración matemática. A él debemos investigaciones profundas en el difícil análisis del cálculo Infinitesimal y de la matemática en general.

NATURALEZA DE LAS LEYES CIENTIFICAS Y LA
TEORIA DE LA RELATIVIDAD.

Expuestas someramente las diferencias y características de los conceptos a que se llega en las ciencias natural, cultural e ideal; pasaremos a ver qué importancia tiene en el análisis que vamos a hacer de la teoría de la Relatividad de Einstein.

Nuestro punto de partida es completamente distinto del de los expositores e investigadores que hemos tenido oportunidad de consultar y conocer. Pero antes de entrar a la médula de la doctrina citada, es indispensable que dejemos asentada una clasificación más congruente con la ciencia a aquélla que señala dos campos perfectamente diferenciados: el de las ciencias eidéticas y el de las ciencias fácticas. En el primer dominio se encuentran las ciencias ideales como la Matemática y la Lógica y las ciencias de esencias como la Sociología Cultural; en el segundo, las ciencias de hechos referidas a todos aquellos fenómenos que empíricamente se nos dán.

Compaginando la clasificación anterior con la presente, podemos decir que las Matemáticas y las ciencias ideales, así como los aspectos esenciales de la cultura y por lo tanto de las ciencias culturales, pertenecen a las ciencias eidéticas, mientras que los fenómenos de las ciencias naturales y algunos aspectos de los productos culturales, corresponden a las ciencias fácticas.

En estas últimas consideraciones están las bases de Scheler, para hacer su clasificación entre ciencia sociológica de esencias y ciencia sociológica de hechos, entre Sociología General, Científica y Sociología Cultural.

LA TEORIA DE LA RELATIVIDAD Y LA NATURALEZA DE LA CONCEPCION CIENTIFICA.

Sentemos como afirmación categórica: la teoría de la relatividad únicamente se refiere al estudio de hechos, es una doctrina que tiene que ver exclusivamente con el campo de las ciencias fácticas. Si ahora, recordamos la distinción entre ciencias naturales y culturales; diremos que la doctrina de la Relatividad únicamente se preocupa por el estudio de un aspecto de la ciencia natural. Todavía más: todas las ramas relacionadas con la citada teoría, tienen este mismo aspecto, son fácticas.

De estas afirmaciones, y basándonos en la exposición anterior, podemos sacar dos grandes enseñanzas:

1/a.- Las leyes naturales deben basarse únicamente en lo fáctico, en la naturaleza misma; y

2/a.- Se exige una nueva fundamentación matemática para hacer una mejor interpretación de los fenómenos físicos y astronómicos.

LOS HECHOS DEBEN ESTRUCTURAR LAS LEYES.

La primera enseñanza nos lleva a la conclusión de que la formulación de toda ley, debe estar arraigada en la Naturaleza misma, en la realidad. No construir un sistema de leyes al cual deba sujetarse el Universo, tal como se ha hecho hasta el presente. No querer sujetar a todos los fenómenos de la naturaleza a un cartabón prefijado por la razón ó por hipótesis determinada. Esta admirable enseñanza la toma Ortega y Gasset y la lleva al campo de los hechos políticos y sociales, exigiéndonos ver y palpar la estructura contingente y heterogénea de la realidad social para ajustar nuestros preceptos legales a ellos mismos.

UNA NUEVA MATEMATICA PARA LO CONTINGENTE.

La segunda enseñanza nos lleva a la afirmación de que es necesario construir una nueva Matemática contingente, como la realidad misma, toda llena de aproximaciones y probabilidades. En la ciencia contemporánea, entre otros ejemplos, encontramos dos muy significativos: la física estadística de Fermi y el Cálculo de los Tensores. Ambas doctrinas sobre una base perfectamente fáctica. La primera, haciendo notar todas las variantes de aproximación que ofrecen los fenómenos físicos; y la segunda, afirmándose sobre los hechos reales como son los Tensores Magnéticos.

Podemos decir que hemos empleado un pésimo procedimiento al aplicar la Matemática común y corriente, que conocemos a la interpretación de los fenómenos físicos. Hemos querido racionalizar lo físico, esquematizándolo y desvirtuando su naturaleza íntima. Hemos pecado por falta de un señalamiento claro de método y de apreciación y todavía nos domina los "idola" de que nos hablara hace mucho tiempo Bacon de Verulamio. Error tan craso, como el señalado por Politzer al criticar el método experimental propio de la física, pésimamente empleado en la Psicología.

Queda por precisar cuales son esos hechos naturales en que se basa la doctrina de la Relatividad de Einstein, y encontraremos las más bellas conquistas de una ciencia que no se aleja de la realidad, que la sabe apreciar y nos entrega conocimientos mejor elaborados que los establecidos por la Física tradicional.

Es Indispensable precisar los campos, no sólo ontológicos, sino metodológicos de las ciencias, la filosofía y el arte. La investigación de estos campos, aún no se ha establecido con precisión. La historia está enormemente resentida de este error y, es por ello, que su desarrollo vése alejado de la realidad. La obra de Einstein sirve para delimitar los campos en el terreno de la realidad fáctica. Hasta la fecha no se ha visto con claridad la importancia de este nuevo sendero que, sin duda, lleva transformaciones radicales a la Teoría del Conocimiento y, fundamentalmente, a la Epistemología en lo que ve al desarrollo inductivo.

Albert Einstein a la edad de tres años (1882)

TERCERA CONFERENCIA.

INUTILIDAD DE ALGUNAS HIPOTESIS TRADICIONALES EN LA INVESTIGACION DE LA REALIDAD FISICA.

CIENCIAS EIDETICAS Y CIENCIAS FACTICAS.

Las ciencias están perfectamente diferenciadas, tomando en cuenta sus naturalezas eidética y fáctica. La universalidad y la necesidad, son características aplicables a todos los principios y leyes consignadas en las primeras ciencias; mientras que en las segundas, la particularidad y la contingencia ofrecen todos sus aspectos.

La clasificación de las ciencias en naturales y culturales, da lugar por consecuencia, a sostener que las ciencias naturales no deben tener ninguna referencia a valor alguno y son la expresión absoluta de lo que es o se sucede espontáneamente.

LA TEORIA DE LA RELATIVIDAD EN EL CAMPO
DE LAS CIENCIAS FACTICAS.

La teoría de la Relatividad tiene un aspecto esencialmente natural, es decir, pertenece a la esfera de la Física y está completamente alejada del dominio de lo cultural. No abarca indudablemente, todo el campo de la naturaleza, pero sin embargo, los aspectos primordiales de ella los contiene. Pero ahora es indispensable pasar a la consideración de sí la Teoría de Einstein corresponde al dominio de las ciencias eidéticas ó de las fácticas. Indudablemente que pertenece al campo de las ciencias fácticas y se aleja considerablemente de las eidéticas. Esto nos hace pensar en la necesidad que existe de que se establezca una nueva Matemática, con bases más cercanas a la realidad. La Matemática común y corriente, que es la que se ha aplicado a todos los experimentos físicos y hasta en ciertas ocasiones a los biológicos y psíquicos, está fincada en un terreno eidético, es decir, universalizado y necesario.

Esta aplicación da lugar a que se falsee completamente la realidad fáctica.

Dicho error hace que se llegue a dos caminos completamente delesnables: el primero, es el de creer que la realidad fáctica se ajusta perfectamente a las leyes formuladas sobre una base absoluta y exacta, necesaria y universal; y el segundo, querer reducir los fenómenos físicos o naturales a las exigencias de la razón. El primer camino da lugar a una falsa concepción de los hechos y fenómenos físicos; y el segundo, a la construcción de una Física artificial que desdeña la realidad perceptible.

Es necesario proceder a la inversa, es decir, analizar los hechos, estudiarlos detenidamente, llevar su estadística, calcular sus probabilidades, estimar sus errores y después, formular la ley. No sobre una base exacta y absolutamente necesaria, sino sobre una contingencia más o menos probable.

La Teoría de la Relatividad nos conduce a la afirmación de la realidad fáctica y a su escudriño en la doctrina particular. Para llegar a ello se exige, no hacer hipótesis que no estén perfectamente respaldadas por los hechos físicos a que se refieren. Así también, cabe pensar en nuevos principios que estén íntimamente relacionados con la naturaleza de la materia, su estructura y sus propiedades.

ABSTENCION DE HIPOTESIS.

Si nos referimos a la primera tendencia, podemos decir que la teoría de la Relatividad adelanta considerablemente a las viejas doctrinas físicas que estuvieron cuajadas de hipótesis y en que el infinito tomaba una participación preponderante.

Ya sabemos como Newton supuso la extensión del espacio infinito, del tiempo infinito, etc., hipótesis que han dificultado el progreso de la ciencias físicas, considerablemente.

Ya en alguna ocasión nos hemos de referir a la controversia suscitada entre Newton y Leibniz en lo que respecta al espacio y que señala a la doctrina de este último, el carácter de una de las conquistas más espléndidas de los siglos pasados y que sólo Einstein ha sabido justipreciar.

Así mismo, hemos de hacer hincapié en las tesis que sobre la naturaleza del tiempo se han dado desde Agustín de Tagaste, pasando por Brentano y Husserl, hasta llegar a las últimas doctrinas de la Física contemporánea, con las teorías de los "quanta" y los "ondula".

LA INFINITUD DEL ESPACIO NO TIENE SIGNIFICACION.

Einstein rechaza el concepto de espacio infinito y lo reduce a espacio finito. El Universo es finito. Este es el dato que nos aporta la ciencia, la observación, la experiencia. Podemos afirmar, de una manera cierta, con auxilio de los cálculos, que el Universo se prolonga más y más; sus límites no están al alcance de nuestros mejores telescopios. Pero de aquí, llegar a afirmar que el Universo es infinito, es dar un salto enorme y fantástico y sacar de una cosa finita inmensamente grande, un concepto arrollador, como es el infinito. ¿Por qué no conformarnos con la inmensidad finita, por qué querer siempre tomar los conceptos de absoluto y de infinito en todos nuestros conocimientos, cuando ellos no pueden ni siquiera llegar a descifrarse conceptualmente? La primera enseñanza que la teoría de la Relatividad tiene para nosotros, es propiamente este principio de humildad frente al Universo. Humildad para concebirlo finito y para poderlo desentrañar dentro de su misma naturaleza. Si a la finitud del espacio se añade la finitud del tiempo, habremos dado uno de los pasos más definitivos en la elaboración de la Física y Cosmogonía contemporáneas.

La Física tradicional nos aporta un gran número de hipótesis sin comprobación de ninguna especie. No obstante que la expresión de Newton fue la de que él no hacía hipótesis (hypothesis non fingo) y de que el método positivista siempre afirmaba estar en contacto con la realidad y no introducir en sus concepciones, ningún principio, ley o postulado que no estuviera fincado en la experiencia, nos encontramos constantemente con hipótesis absolutamente irrealizables en la experiencia.

Es cierto que en muchas ocasiones las hipótesis sirven para encadenar ciertas doctrinas, para satisfacer determinadas interpretaciones. Entonces, débeseles tomar en cuenta provisionalmente, sin mayor valor que el de meras suposiciones. Nunca debe extenderse su estimación más allá de esta exigencia.

El concepto de infinito es algo que debe desprenderse de la Ciencia Física, ya que no es ni siquiera concebible por la imaginación y menos puede ser realizable en el mundo de los hechos.

EL ESPACIO NO ES ABSOLUTO.

Suponer, como lo hace Newton, el espacio como un gran saco que está, en el momento actual, lleno de objetos y tiene posibilidad de existir por si sólo, independientemente de estos mismos objetos, es una hipótesis también arbitraria. El espacio lo determinan los cuerpos. Esta noción amplia y de tan profundas consecuencias fue ya establecida en tiempo de Newton por Leibniz. Ese estupendo filósofo y matemático que actualmente está siendo la fuente de gran parte de las doctrinas referidas al mundo fáctico. El espacio es una propiedad de la materia. Sin materia no puede existir espacio alguno.

LA GRAVITACION COMO PROPIEDAD DE LA MATERIA.

Así también nos encontramos con la existencia de una fuerza exterior a los cuerpos llamada gravitación, sin coordinación de ninguna especie con la estructura de la materia, obrando continuamente sobre la misma, y señalando un escollo en los estudios de la Física y de la Astronomía. Es de extrañarse cómo en una disciplina tan coordinada y que debe tener una unidad perfectamente elaborada, se presenta en campos diversos la gravedad y las fuerzas físicas, propias a los fenómenos moleculares. Einstein hace la fusión y propone en primer lugar, reducir la gravedad a una propiedad de la materia. Así como el espacio no es otra cosa que una consecuencia de la materia, así también la gravedad es inmanente a ella misma.

¡Qué rica concepción de un Universo finito, en el cual la materia ocupa el lugar preponderante y presenta sus propiedades perfectamente armónicas! En la materia está conteniendo el espacio, su forma, su estructura y también está comprendida la gravedad. La materia es el objetivo de toda investigación física, si se analiza consecuentemente, se encontrará en ella los últimos elementos del átomo reducidos a fuerzas, a energías, pero de todas maneras centralizando el objeto de nuestras percepciones y experimentos.

RECHACEMOS VARIAS HIPOTESIS INCONFIRMADAS.

No trataremos más con el infinito que no lo concebimos, ni lo podremos imaginar; dejemos esta lubricación a los matemáticos en el campo de las ciencias eidéticas, en la teoría de los Grupos o Conjunto de Lie, en los profundos análisis de los infinitamente pequeños e infinitamente grandes en la fundamentación del Cálculo Infinitesimal clásico. Dejemos también el concepto de un Universo infinito que no nos consta, ni por cálculos, ni menos por percepciones que afirmen esa infinitud. Dejemos a un lado, como en el caso más arrogante de la interpretación einsteiniana, la noción del éter, noción que dificulta la verdadera interpretación de lo natural y nos complica enormemente la explicación de fenómenos y acontecimientos. Einstein, al tratar de resolver las dificultades que se presentaron en el experimento de Michelson, no resolvió el problema de la misma manera que lo hiciera Lorenz, pues en primer término desechó esta preocupación máxima que en la Física antigua siempre se presenta y es la existencia del éter. Podríamos decir que el intento de la teoría de la Relatividad, no es otra cosa que la separación más absoluta entre el campo de las matemáticas tradicionales, campo de esencias y la matemática nueva referida a la realidad fáctica.

Albert Einstein a la edad de 14 años. 1893

CUARTA CONFERENCIA.

EINSTEIN NO ES MATEMATICO EN LA ACEPCION TRADICIONAL DEL TERMINO. UNA NUEVA MATEMATICA.

EINSTEIN NO ES MATEMATICO.

Einstein no es un matemático en la acepción tradicional de la palabra. Esta afirmación ha de parecer absurda a los que están acostumbrados a llamar constantemente e Einstein, un gran matemático y un creador de formas matemáticas sobre estructuras tradicionales. Pero si pensamos un poco más, veremos que realmente tenemos razón. Los físicos tradicionales aplicaron inconsecuentemente las Matemáticas, que corresponden a los campos eidéticos, al mundo de los hechos físicos. Esta aplicación tuvo sus fatales consecuencias. Se quiso sujetar al Universo a las leyes prefijadas por la razón y absolutamente exactas. Desde luego podremos afirmar que esta correlación no puede existir de ninguna manera. Desde un punto de vista filosófico nos encontramos que el campo eidético tiene dos caracteres fundamentales: la universalidad y la necesidad; mientras que el campo fáctico posee las características completamente contrarias o sean la particularidad y la contingencia. Y ahora preguntamos: Cómo es posible que apliquemos a un mundo contingente, leyes absolutamente necesarias y universales como son las matemáticas?

LA MATEMATICA TRADICIONAL ES INCOMPATIBLE CON EL CAMPO FACTICO.

Lo que aconteció fue que se quiso sujetar el mundo de la realidad variable y contingente a un principio perfectamente delimitado y exacto y cuando se vio que la caída de un proyectil no seguía exactamente la parábola y, que en general ninguna ley se cumplía exactamente en la realidad, entonces se argumentó que era el desconocimiento de muchas causas no percibidas las que originaban que las leyes, hasta ahora consideradas como absolutamente verdaderas, no pudieran realizarse plenamente.

Esta tendencia justificadora no sólo se encuentra en la Física, sino también en la Biología y hasta en la Psicología. Recordemos en este momento las máximas tendencias de Herbert que, al estudiar los fenómenos psíquicos, quiso aplicarles el Cálculo Integral. Aún ahora nos quedan algunos rezagos de esta tendencia en lo que llamamos la ley de Weber Fechner, referida a la intensidad de las sensaciones con relación a los estimulantes. En general, el mundo de los hechos se le ha querido sujetar a un estricto racionalismo. Este racionalismo nos viene desde el Renacimiento en que sobre-estimándose la facultad de la "ratio" aristotélica en el hombre se creyó encontrar en él el principio de toda verdad. Sólo lo razonable conforme a los cánones de la lógica tradicional, lo que se sujeta a los principios de un léxico lógico-aristotélico, puede considerarse como verdadero. Y desde entonces, la creencia de que la razón así formulada, es la facultad más alta del hombre y la única que nos puede entregar la esencia de las cosas; nos ha llevado a querer racionalizar en la forma matemática, todo lo que es espontáneo y contingente por pertenecer a la naturaleza fáctica. Es el mismo intento que en algunas ocasiones se presenta en la legislación de los pueblos. Algunos dictadores del derecho, tratan de establecer principios universales y por medio de éstos transformar a los pueblos. Se cree que el establecimiento de una doctrina basta para efectuar una transformación sociológica. Y así vemos como, en lugar de transformar las condiciones económicas de los mismos, se inculcan de una manera obscura y poco efectiva, los principios más amplios del socialismo o de cualquiera otra disciplina política.

Frente a estos tratadistas que tratan de encauzar las realidades sociales, por medio de las leyes, existen los sociólogos que se orientan palpando la realidad social, estiman que las deben ajustar a las necesidades, aspiraciones, miserias y pobrezas de los pueblos. Suponen estos legisladores que los principios de igualdad, democracia, soberanía, imperium, etc., no son realizables en todos los pueblos y aún se duda de que lo sean en alguno. Rechazando todas estas ideas extrañas a la estructura del conglomerado social a que pertenecen, algunos países ofrecen las divergencias más grandes en la estructura familiar y contractual y, sin embargo, los legisladores siempre han querido sujetar éstas prácticas sociales a los principios del Derecho Romano ó las novísimas de las legislaturas francesa, alemana o suiza. No hay propiamente homogeneidad en estos países para justificar la estructuración jurídica, que actualmente los rigen. Realmente la tésis de Einstein se ofrece como una de las más valiosas enseñanzas para el investigar científico. Ajustarse a la realidad que es contingente y aproximada, construir una disciplina científica también contingente y aproximada. La existencia de la Física estadística está respaldando nuestra afirmación. Es una Física de aproximación con esa forma un poco primitiva y primordial de lo estadístico y probable.

Einstein mismo aprovecha disciplinas que tienen una apariencia de matemáticas tradicional, pero que en realidad no lo son, pues llevan una relación íntima con el mundo de lo fáctico. Entre estas disciplinas podemos señalar el Cálculo de los tensores, que como su nombre lo indica, tiene una referencia constante a las tenciones magnéticas, es decir, a los hechos esenciales físicos y las Geometrías no-euclidianas que adquieren en la mano maestra de Einstein, la interpretación mejor de la naturaleza fáctica del Universo, precisando la forma de Universo, conforme a determinada geometría, en armonía con la gravitación y la estructura íntima de la materia.

PRINCIPIO DE INCERTIDUMBRES.

Existe actualmente en la Física un principio determinante de la realidad y este es el de la incertidumbre, es decir, de imposibilidad práctica y teórica para llegar a fijar, con toda precisión, resultados justos y exactos en el campo de lo fáctico.

Este principio da lugar a meditar hondamente sobre la razón, la efectividad de determinados postulados dentro de la teoría de la relatividad, como también en el campo de la Teoría de los Quanta, cuando éstos llegan a sostener una absoluta exactitud. ¿Cómo es posible compaginar el principio de incertidumbre con la noción que se tiene del tiempo en la doctrina de los Quanta? ¿Cómo se puede establecer una relación congruente entre ese mismo principio y las transformaciones de Lorenz, dentro de la teoría de la Relatividad, el cual supone la posibilidad de determinar absolutamente la posición y la velocidad de dos sistemas de referencia?

Es indispensable, entonces, quitarle lo que le queda de tradicionalista a la doctrina de la Relatividad y ajustarla a las exigencias que la teoría de los Quanta ha establecido. Es indispensable depurarla, aceptando el principio de incertidumbre, a que Heisenberg ha llegado, y de esa manera, establecer un aspecto nuevo de investigación y comprobación.

La Teoría de los Quanta debe armonizarse y coordinarse con la doctrina de la Relatividad. Esto es una exigencia de grandísima importancia. Para darnos cuenta del problema, hagamos un pequeño desarrollo, exponiendo el horizonte de la doctrina quántica.

Planck, a principios del presente siglo, tratando de explicar los fenómenos de radiación de un cuerpo luminoso, sostuvo la hipótesis de que la naturaleza íntima en la materia, era de carácter ondulatorio y de que la distribución de la energía radiante estaba en función de la frecuencia y de la temperatura. Más tarde se confirmó esta suposición en los célebres trabajos de De Broglie y Davisson. Para este Pensador, la materia, lo mismo que la energía, sólo pueden existir en forma de corpúsculos de contenido energético. La doctrina de Planck se extendió hasta la explicación de los fenómenos más varios. Así, sobre la base de la teoría quántica, Debye y Einstein nos dán la teoría de los calores específicos; Bohr, la doctrina atómica y de los rayos espectrales; Einstein, la teoría del efecto fotoeléctrico y la doctrina quántica de la luz; Heisenberg, la mecánica de las Matrices y De Broglie y Schrondinger, la mecánica ondulatoria. Es decir, la naturaleza del átomo fue ampliamente descubierta a través de la doctrina de los Quanta, así como la estructura del Macrocosmos era iluminada por la teoría de la Relatividad.

Nada más que en la investigación del átomo, Heinsenberg llegó a formular el principio de incertidumbre que indudablemente nos conduce a nuevos métodos y conceptos científicos sobre la organización y funcionamiento del Macrocosmos. El principio se enuncia así: "Es imposible medir, simultáneamente, el valor de dos variables canónicas conjugadas con una precisión mayor que la siguiente: El producto del error en la determinación de la otra, es siempre igual que la constante de Plack h". Canónicas conjugadas pueden ser la posición y la cantidad de movimiento.

Imposibilidad de determinar con toda exactitud la naturaleza íntima del átomo, de la materia, de la energía. Imposibilidad que no radica, como en la tésis de Kant, en la debilidad de las facultades del intelecto; ni en la poca precisión de los aparatos; sino en el comportamiento quántico de la naturaleza.

Es imposible medir simultáneamente, con toda precisión, la posición y la velocidad de partículas del Cosmos.

Sobre este particular, ya hemos hecho referencia en nuestra lógica, al hablar de la incertidumbre, de la aproximación que domina en el campo de lo fáctico y de la creación de una Física estadística según los lineamientos de Fermi.

Pero los años han transcurrido y la incompatibilidad de las teorías de la relatividad y de los Quanta, se ha mantenido inconmovible. La única razón fundamental existe en el principio de incertidumbre, aún no admitido en la doctrina de la Relatividad, lo que origina la idea de que las transformaciones de Lorenz, no pueden conducir a resultados absolutamente ciertos y hasta una aproximación que queremos.

Al estudiar la estructura de los rayos espectrales, Sommerfeld sostuvo que eran compuestos, comprobándolo experimentalmente más tarde, Paschen. ¿Cuál fue la explicación de este fenómeno? Para Sommerfeld, el hecho de que la masa del electrón no es constante sino que varía con la velocidad. Explicación con fundamentos en la teoría de la Relatividad. Pero, para medir el movimiento el electrón, fue necesario aprovechar las conquistas de la doctrina de los Quanta. Es decir, la explicación del fenómeno condujo a dos doctrinas basadas en principios diferentes.

Así también hubo choques entre ambas doctrinas, cuando Schrondinger quiso construir su mecánica ondulatoria sobre las bases de la teoría de la Relatividad. No fue posible estructurar dicha mecánica en una ecuación de segundo orden, como lo establecía la Relatividad, porque contradecía el comportamiento experimental del momento mecánico y magnético del electrón, admirablemente investigado por observaciones espectroscópicas por Uhelenbeck y Goudsmit. Más tarde, Dirac trató de resolver el punto, incluyendo, no sólo los vectores y tensores afirmados por la teoría relativista, sino el semi-vector, el spinor, cosa que transformaba notablemente la doctrina de Einstein. Pero la doctrina de Dirac ofrece múltiples dificultades, como cuando se admite que el cambio de signo de la carga eléctrica, indica también el cambio de signo de la energía mecánica de las ecuaciones; dato absolutamente en desacuerdo con la experiencia.

De todas maneras, el principio de incertidumbre debe dominar en el campo de la Relatividad, transformando muchos de sus principios y debe ser absoluto en el de los Quanta.

En la misma teoría de los Quanta existen contradicciones tan notables, como la que se refiere a la noción del tiempo. Entre energía y tiempo debe existir una relación de incertidumbre y por lo tanto de conmutabilidad; pero si admitimos que la energía es una variable quántica (matriz) con valores distintos de cero; el tiempo resulta una variable continua; lo que quiere decir que no hay relación de conmutabilidad; como lo han observado matemáticos tan serios como Manuel A. Vallarta.

De todos modos, la exigencia es cada día mayor y el límite será, indudablemente, una física sobre un campo absolutamente distinto al de las matemáticas tradicionales. El principio de incertidumbre debe dominar en los terrenos de los Quanta y de la Relatividad. Algo semejante debe acontecer a lo que se operó con respecto a la Lógica Aristotélica frente a la lógica dialéctica de Hegel, llena de vitalidad y movilidad.

LA RELATIVIDAD FORMULA UNA NUEVA MATEMATICA.

La teoría de la Relatividad es propiamente un principio al regreso a la experiencia misma, atendiendo a las exigencias naturales de la misma, compenetrándose de la contingencia y la particularidad de lo fáctico, estimando nuevos métodos de interpretación ajustados a estas mismas características. Tres grandes intelectos profundizan de una manera efectiva los campos de la realidad: Einstein en lo físico, Husserl en lo eidético y Freud en las profundidades de la inconsciencia.

Tres grandes buscadores de nuevos dominios que saben realizar las máximas conquistas en el campo insondable de estas tres manifestaciones de la realidad.

Cabe ahora anotar algo acerca de las conquistas de Einstein en la investigación del Universo.

Albert Einstein sentado en su biblioteca en Princeton, NJ.
Fotógrafo Alan Richards. Centro de Archivo The Shelby White y Leon Levy.
Instituto de Estudios Superiores, Princeton, NJ. USA

QUINTA CONFERENCIA.

PRECURSORES DE LAS GEOMETRIAS NO-EUCLIDIANAS.

El Universo real no es euclidiano, porque la luz no se propaga en él en línea recta.

<u>LA GEOMETRIA EUCLIDIA Y EL QUINTO POSTULADO.</u>

La Geometría Euclidiana durante 2,000 años se tuvo como perfecta y absolutamente general; sin embargo, últimos matemáticos la relegan a un caso particular dentro de las muchas estructuras geométricas que existen en el Universo. Veamos cuales han sido los principios de estas nuevas geometrías. Ellas se encuentran en la negación de ciertas proposiciones no demostradas y que se habían tomado como verdades axiomáticas.

El postulado más ampliamente discutido, debido a la pluma de Euclides, es el siguiente:

"SI DOS RECTAS, ENCUENTRAN OTRA RECTA Y FORMAN CON ELLA DOS ANGULOS INTERIORES, DEL MISMO LADO, DONDE LA SUMA ES INFERIOR A DOS RECTOS, ESTAS DOS RECTAS PROLONGADAS INDEFINIDAMENTE SE ENCUENTRAN; ES DECIR, DEL LADO DONDE LA SUMA DE LOS ANGULOS ES INFERIOR A DOS RECTOS".

Esta proposición no está perfectamente caracterizada, pues, mientras unos la toman dentro del campo de los postulados otros dentro del dominio de las nociones comunes. Entendemos por nociones comunes las nociones primeras comunes a la Matemática en su generalidad y por postulados aquéllas que pertenecen únicamente a la geometría. El postulado anterior tiene el #5 en la edición que corresponde al manuscrito del Vaticano del año 1814; sin embargo, algunos autores lo colocan como el axioma 11, llamado el axioma de las paralelas o de las tres rectas.

Recorriendo el primer libro de los "ELEMENTOS" de Euclides, se encuentra que este postulado es en realidad el recíproco de la proposición vigésima octava.

Durante veinte siglos se hicieron los mayores esfuerzos para demostrar el 5° postulado; sin embargo éstos fueron absolutamente vanos. Así encontramos los intentos de Proclus, Nasir, Eddin, Clavius, Wallis, Legendre y otros varios. Es indispensable hacer notar que ya en las obras del jesuita Flavius y de Giordano da Bitonto, se empezó a establecer la duda metódica en éstas búsquedas.

LA DOCTRINA DE SACCHERI.

Sólo Saccheri, nacido en San Remo, en la República de Génova, el 5 de septiembre de 1667, construye un ensayo genial abordando abiertamente el problema. Girolamo Saccheri, Doctor en Filosofía y Teología y Catedrático de Matemáticas en la Universidad de Pavía, muere en Millán en el año de 1733, recién aparecida la obra que le había de hacer célebre.

Saccheri pasa a establecer las bases de su nueva Geometría, en las consideraciones siguientes:

Supone un cuadrilátero A.B.C.D.

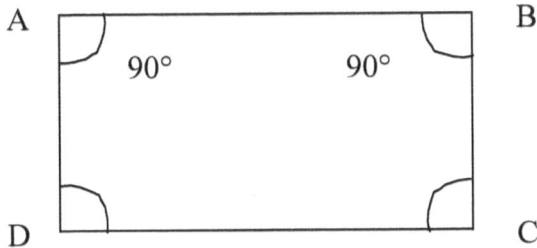

donde los ángulos en A. y en B. son rectos y los lados AD y BC iguales, los ángulos en C, y D, son también iguales. De aquí él supone tres hipótesis posibles; estos ángulos son rectos, agudos u obtusos. Que una de ellas sea verificada en un solo caso, ella será la sola verdadera en todos los casos. Es indispensable hacer ver que las dos últimas hipótesis están en contradicción y por lo tanto subsiste el postulado ya establecido. Apoyándose a su vez sobre la sexta proposición del primer libro de los Elementos, proposición que exige ciertas restricciones en la hipótesis del ángulo obtuso, Saccheri llega a establecer que la hipótesis que contradice esta proposición es independiente del postulado.

La discusión de la hipótesis del ángulo agudo es mucho más amplia y escabrosa y no recibe una refutación absolutamente rigurosa. De todas maneras, las dos últimas hipótesis quedan dentro del campo de lo probable y de lo correcto.

La posición que toma Saccheri la podemos aclarar suficientemente al distinguir la lógica de la Epistemología, la lógica establece únicamente las reglas que son necesarias para calificar un juicio de correcto y en muy pocos casos de verdadero. Es propiamente una condición formal toda la estructura y puede decirse que en el análisis del juicio, de los conceptos y del silogismo, sólo se obra buscando la corrección de los mismos. Pero el contenido del juicio, en lo que respecta a sentido de verdad o de falsedad, sólo se halla en los estudios epistemológicos que establecen las reglas de una correspondencia entre el sujeto cognoscente y el objeto conocido. Esta relación designada con el nombre de verdad, en la Filosofía Tomista, se ha aceptado bajo la frase: –Adequatio intellectus et rei. –Más tarde haremos hincapié en la tesis más firme de la dialéctica en que la praxis hace posible la unidad del sujeto y el objeto; y el conocimiento es el resultado de un desarrollo dialéctico de superación en la identificación.

Lo que hace el jesuita italiano es afirmar, no la posición epistemológica, sino la lógica, es decir, la corrección de las dos hipótesis. Para afirmar la corrección lógica de una proposición, se exige únicamente que no exista contradicción interna, ni externa; es decir, que no exista desarmonía entre el sujeto, la cópula y el predicado y además, que habiendo aceptado determinados principios, perfectamente demostrados, no se llegue a formular más tarde otros nuevos que estén en flagrante contradicción con estos mismos. (Véase nuestro tratado de "Lógica", primer tomo).

RELACIONES ENTRE LAS DOCTRINAS DE EUCLIDES Y SACCHERI.

Veamos gráficamente la expresión del postulado quinto de Euclides, así como las proposiciones geométricas de Saccheri.

Para Euclides la representación es la siguiente:

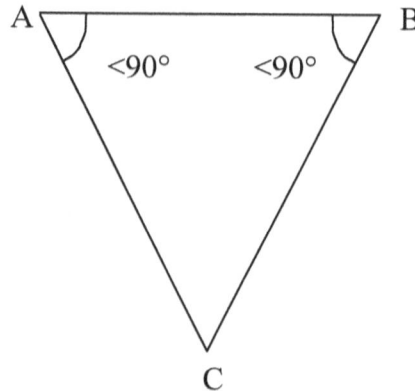

Para Saccheri la situación geométrica es la siguiente:

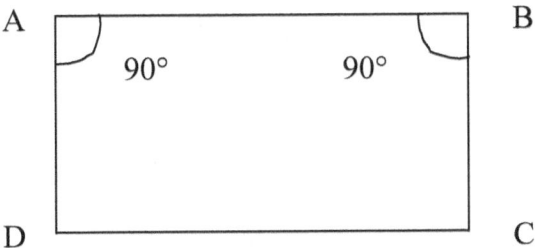

LA TEORIA DEL PARALELISMO DE LAMBERT.

Pero ahora, se nos va a presentar una nueva exposición del problema sostenida por otro profundo matemático Johann Heinrich Lambert, que nació en el año de 1728 en una de las ciudades de la Confederación Helvética. En el año de 1776 escribe su famosa memoria "Teoría del Paralelismo" que ha dado lugar a las más hondas meditaciones. Lambert supone la siguiente situación geométrica:

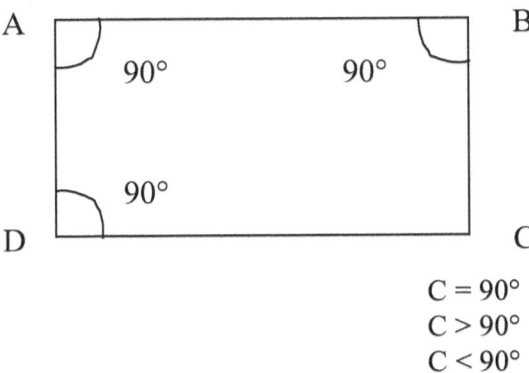

$C = 90°$
$C > 90°$
$C < 90°$

Es un cuadrilátero tri-rectangular, es decir, los ángulos interiores A, B y D son rectos; debe examinarse si el restante C es recto, agudo u obtuso. Si se toma como recto, se establece la Geometría Euclidiana; si se toma como obtuso, se encuentra una contradicción con el postulado sexto de Euclides y entonces se ofrece la posibilidad de que se verifique sobre una esfera. Bien es sabido que ya Euclides conocía perfectamente la Geometría de la esfera formulada por Eudoxus y Autolycus y actualmente no nos es desconocido el hecho de que los triángulos esféricos, contienen ángulos cuya suma es superior a dos rectos; por último, la tercera hipótesis o sea del ángulo agudo, sólo puede realizarse en una superficie análoga a la anterior, pero completamente imaginaria. Sobre el particular nos indica Lambert que esta superficie esférica imaginaria, debe ser el objetivo de una honda meditación. "Ichsolltebeyeiner imaginaron Kugelflache vor Weingstens mussimmer Etwassein, warum sie sich bey eben Flechen lange nichtso leich umstoasen lasst, als es sich bey der zwoten thun liess". Lambert.- "Theorio der Parallellin".

EL PAROMETRO Y LAS DIVERSAS GEOMETRIAS.

En las dos hipótesis, tanto del ángulo agudo cuanto del ángulo obtuso, el valor del ángulo lleva el nombre de parámetro del sistema geométrico. Es decir, se originan tantas geometrías como valores al parámetro se lo puedan dar.

Albert Einstein con su hijo Eduard (Teddy) en Zurich, Switzerland.
Fotógrafo desconocido. Centro de Archivo Shelby White y Leon Levy.
Instituto de Estudios Superiores, Princeton, NJ. USA

SEXTA CONFERENCIA.

PRINCIPALES GEOMETRIAS NO EUCLIDIANAS.

PRINCIPALES GEOMETRIAS.

Desde entonces una gran cantidad de doctrinarios y matemáticos han establecido alrededor de la naturaleza del ángulo, geometrías diversas:

A la hipótesis del <u>ángulo obtuso</u> corresponde la Geometría Rimaniana (Riemann), elíptica (Flein) ó doblemente abstracta (Tilly); a la hipótesis del <u>ángulo agudo,</u> la Geometría de Lobats chewekij, llamada por Klein hiperbólica o abstracta por Tilly, conocida también bajo los nombres de Geometría imaginaria por Lobats chewskij o Geometría astral por Schweikert.

LA DOCTRINA DE TAURINIUS.

Taurinus (1794-1874), en el siglo pasado, afirma la veracidad absoluta de la Geometría de Euclides y se rehúsa a admitir con Gauss y Schwikart que la Geometría Física depende de un parámetro. Según Lambert, la segunda hipótesis se verifica sobre la esfera y es incompatible con el sexto postulado.

LA GEOMETRIA NO-EUCLIDIANA DE NICOLAS LOBATSCHEWSKIJ.

Este notable matemático nació en Nijni-Novogord a fines del siglo XVIII. Fue profesor de la Universidad de Kazan y en la Facultad de Ciencias de la propia Universidad presentó en 1828 una "Exposición Suscinta de los Principios de Geometría" con una demostración rigurosa del teorema de las paralelas.

El establece un sistema independiente del 5° postulado: "Todas las rectas trazadas por un mismo punto en un plano se pueden distribuir con relación a una recta dada sobre este plano, en dos clases: en rectas que cortan la recta y en rectas que no la cortan. La recta que forma el límite común de estas dos clases es llamada paralela a la recta dada".

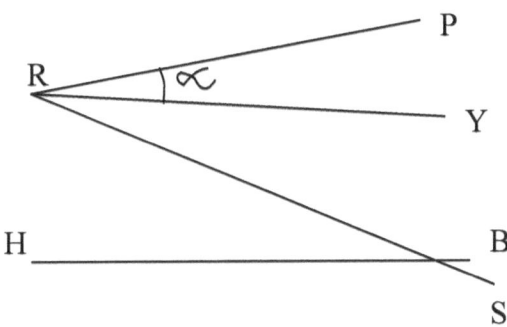

Admite las proposiciones 19, 20 y 22 de Euclides que afirman: En todo triángulo rectilíneo, la suma de tres ángulos no puede sobrepasar a dos rectos; sí, en un triángulo rectilíneo cualquiera, la suma de tres ángulos es igual a dos rectos, ésto será lo mismo para todos los otros triángulos; y si dos perpendiculares a una misma recta son paralelas entre si, la suma de los ángulos de un triángulo rectilíneo cualquiera será igual a π (pi).

Hace consideraciones acerca de la Geometría de la Esfera y establece que un circulo donde el radio va creciendo, se cambia el límite en una línea curva que él llama horiciclo, tal que todas las perpendiculares construidas en medio de las cuerdas, son paralelas entre sí; la superficie que ella engendra al rededor de uno de esos ejes, lleva el nombre de hidrosfera. El horiciclo y la hidrosfera de la geometría de este autor, no son otra cosa que las figuras llamadas línea recta y plano en Geometría euclidiana.

Ya este concepto lo había elaborado admirablemente Leibniz en sus brillantes lucubraciones sobre los límites. La línea recta, para dicho filósofo, es el límite de una circunferencia con un radio infinito y la superficie plana igual a la superficie de la esfera, también con radio infinito. Las geometrías esféricas son iguales en Euclides y en Lobatchewakij, no así las geometrías planas en que hay una gran diferencia.

LA DOCTRINA DE BOLYAI.

Jean Bolyai nació en el año de 1802 y murió en 1900; de nacionalidad austriaca; trabajó independientemente del matemático anterior y por un método análogo, busca la solución al problema de las paralelas.

Si una semirrecta AM no es cortada por una semi-recta BN, situada en el mismo plano, pero que ella sea cortada por otra semi-recta BP, comprendida en el ángulo ABN, se dice que la recta BN, es paralela a la semi-recta AM.

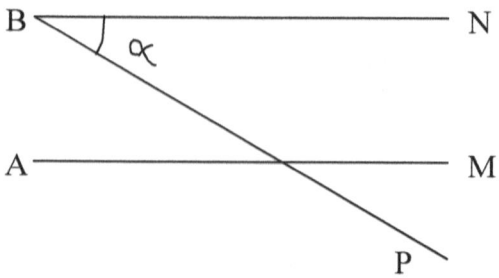

Estudia también el horiciclo y la hidrosfera, estableciendo que en la geometría euclidiana, la geometría esférica es independiente del postulado V.

Acepta el parámetro que caracteriza cada superficie. Este se refiere al radio de la esfera a que pertenece.

CONSIDERACIONES GENERALES.

Se puede afirmar que los matemáticos posteriores han girado al rededor de los postulados euclideos V y VI. Si se admite el V postulado, se llega a establecer la geometría de Riemann; si se admite únicamente el VI, se llega a la geometría de Lobatchewakij y, si se admiten los dos postulados simultáneamente, a la geometría de Euclides. Cabe imaginar una cuarta geometría que rechace ambos postulados.

NOCIONES COMUNES Y DIFERENTES DE LAS TRES GEOMETRIAS.

Vamos a hacer un ensayo en que, de una manera general, establezcamos los aspectos diferentes y similares de las tres geometrías mencionadas.

I.- ALGUNAS NOCIONES COMUNES PARA LAS TRES GEOMETRIAS.

1.- Las magnitudes que son iguales a una misma magnitud, son iguales entre sí.

2.- Si a magnitudes iguales se les agrega magnitudes iguales, los resultados serán iguales.

3.- Si a cantidades iguales se les restan cantidades iguales, los resultados serán iguales.

4.- Si magnitudes desiguales son aumentadas con magnitudes iguales, los resultados serán desiguales.

5.- Si a magnitudes desiguales se les restan magnitudes iguales, los resultados serán desiguales.

6.- Las magnitudes que son el doble de la misma magnitud, son iguales entre sí.

7.- Las magnitudes que son la mitad de la misma magnitud, son iguales entre sí.

8.- El todo es más grande que una de las partes.

II.- DEFINICIONES Y POSTULADOS IDENTICOS.

El punto es aquel que no ocupa lugar en el espacio (def. I).

Se llama límite lo que es extremidad en cualquiera cosa (def. XIII).

Se llama figura lo que está comprendido por uno sólo o por varios límites (def. XIV).

La línea es longitud sin anchura (def. II).

Las extremidades de una línea son puntos (def. III).

La línea recta es aquélla que está igualmente colocada entre sus puntos (def. IV).

POSTULADO PRIMERO.- Se puede construir una recta de un punto cualquiera a otro.

POSTULADO SEGUNDO.- Se puede prolongar una recta en su propia dirección.

Una superficie es aquélla que tiene longitud y anchura solamente (def. V).

Las extremidades de una superficie son líneas (def. VI).

La superficie plana es aquella que está igualmente colocada entre rectas (def. VII).

Un ángulo plano es la inclinación mutua de dos rectas que se tocan en un plano y que no están colocadas en la misma dirección (def. VIII).

Cuando las líneas, que comprende un ángulo, son líneas rectas, el ángulo se llama rectilíneo (def. VIV).

Cuando una recta cae sobre otra, ya sea ángulos rectos, la recta se llama perpendicular. (def. X).

POSTULADO TERCERO.- De un punto cualquiera se puede trazar una circunferencia.

Un semicírculo es la figura comprendida entre el diámetro y la porción de la circunferencia que está sostenida por el diámetro (def. XVIII).

Un segmento del círculo es la superficie comprendida entre una recta y la circunferencia del círculo.

Las figuras rectilíneas son aquéllas que están limitadas por rectas.

Y así sucesivamente.

Lo más interesante de nuestro asunto será hacer la comparación de los principios, postulados, axiomas y demás nociones de las tres geometrías, dejando para el último la estimación de la geometría de Gauss que es de lo más interesante.

Esta comparación la consignaremos al final del estudio que estamos haciendo, como un apéndice y con el objeto de darse cuenta mejor del problema, objeto de estas conferencias.

POSTULADO CUARTO.- Todos los ángulos rectos son iguales entre sí.

El ángulo obtuso es aquel que es más grande que un ángulo recto (def. XI).

El ángulo agudo es aquel que es más pequeño que un ángulo recto (def. XII).

El círculo es una figura plana comprendida por una sola línea que se llama circunferencia, y es tal, que todas las rectas trazadas a la circunferencia son iguales entre sí.

El punto se llama centro del círculo (def. XVI).

El diámetro del círculo es una recta trazada por el centro; termina de uno y otro lado la circunferencia del círculo y lo divide en dos partes iguales (def. XVII).

Albert Einstein es entrevistado cuando recibe la ciudadanía Americana en 1940.
Fotógrafo desconocido. Centro de Archivo Shelby White y Leon Levy.
Instituto de Estudios Superiores, Princeton, NJ. USA

SEPTIMA CONFERENCIA.

LA GRAVEDAD Y LAS GEOMETRIAS NO-EUCLIDIANAS.

EL UNIVERSO DE CUATRO DIMENSIONES.

LA TEORIA DE LA RELATIVIDAD GENERALIZADA.

Aceptando el valor lógico de las Geometrías no euclidianas, éstas no tuvieron realización plena sino hasta que Einstein las aplicó directamente al estudio del Universo.

LAS GEOMETRIAS NO EUCLIDIANAS Y LAS CURVATURAS DEL UNIVERSO.

Las Geometrías de Riemann y de Gauss satisficieron, desde entonces, el conocimiento de la estructura del espacio no-euclidiano ó sea del gravitatorio. Según la curvatura del espacio, puede aplicarse una u otra de las dos Geometrías señaladas. La importancia de esta aplicación es enorme. Se llega a tener una nueva concepción del Universo que ve a principios completamente distintos de los ya aceptados como evidentes. La suma de los ángulos internos de un triángulo, puede ser igual, mayor o menor que dos rectos. La existencia de las paralelas, ofrece aspectos completamente distintos a los ya aceptados por la Geometría clásica, pues mientras en la Geometría tradicional se admitía que por un punto fuera de una recta sólo se puede trazar una paralela, en las geometrías modernas se admite la existencia de un número infinito de paralelas, comprendidas en el ángulo llamado de paralelismo ó sencillamente la no existencia de ninguna paralela.

CONFIRMACION DE LA DOCTRINA DE LEIBNIZ.

En general se ha llegado a la concepción de Leibniz, cuando supuso que el espacio era algo inmanente a los cuerpos. Es una propiedad de la materia el espacio. Esta tésis estuvo en abierta pugna con la sostenida por Newton que imaginó el Espacio infinito en donde se encontraban los diversos astros y cuerpos.

EXPOSICION DE LA DOCTRINA DE LEIBNIZ.

La tésis de Leibniz actualmente ha sido confirmada por ese paso decisivo, dado por Einstein, al afirmar la existencia de la gravedad como una característica fundamental de la materia.

LA UNIFICACION A TRAVEZ DE LA DOCTRINA DEL CAMPO.

Todavía Einstein propone un nuevo paso en la doctrina expuesta últimamente con el nombre de "Teoría del Campo" en que, empleando una nueva Geometría, trata de fundir los principios de la electricidad con los de la gravitación; de tal suerte, que las leyes de aquélla, como de ésta no son más que el resultado de una ley física universalmente válida: la del Campo. El mismo sabio expresa: "el fin de esta teoría, es unificar las leyes del Campo, de la gravitación y del electromagnetismo, bajo un solo concepto".

Ya Einstein había conseguido la unificación, mediante la teoría de la Relatividad de las Leyes de la óptica y de la mecánica; también había sintetizado en una espléndida doctrina la Mecánica tradicional con la propuesta por él, que tiene una afirmación amplia e interesante.

EL UNIVERSO DE CUATRO DIMENSIONES.

Es el momento de tratar algo más acerca de la naturaleza del Universo y para ello nos referiremos en primer término, al llamado Universo de Minkowsky. La idea básica de este autor es la de suponer un Universo de cuatro dimensiones; tres que corresponden al espacio y una al tiempo. Parece que esta idea ya es muy vieja y nada novedosa, pues al suponer un hecho cualquiera sobre la tierra y en cualquier lugar del sistema estelar, siempre nos referimos a su colocación especial de tres dimensiones y a un tiempo determinado.

Qué de nuevo tiene esa concepción en que se trata de analizar la cuarta dimensión que es la del tiempo?

Aclaremos los conceptos.

LAS TRES DIMENSIONES DEL ESPACIO.

Cuando se fija un hecho o fenómeno físico en un lugar de la tierra, se le señalan las tres dimensiones especiales y el tiempo preciso en que ocurre. Pero estos cuatro elementos son de naturaleza completamente distinta. El fenómeno pudo haberse realizado en un lugar especial, descrito perfectamente y sin referencia al tiempo; también señalado el tiempo pudo haberse descrito el fenómeno sin referencia al espacio. En ambos casos la descripción es incompleta, pero sin embargo no falsea la realidad. Véase los procedimientos empleados en Astronomía para la determinación del tiempo y del espacio. En la teoría de la cuarta dimensión, la imposibilidad de referirnos al tiempo sin tener en cuenta el espacio y de referirnos al Espacio sin tener en cuenta el tiempo, es absoluta. Son dos elementos íntimamente ligados complementándose y, si empleáramos una expresión matemática, diríamos que uno está en función del otro.

Ya sabemos que en la expresión Y = f (x) las dos variables están íntimamente ligadas y de la variación de x depende la variación de Y. Y, está en función de x.

TRES PROBLEMAS.

Por qué hay esta íntima relación entre el tiempo y el Espacio? ¿Por qué a una variación del tiempo corresponde una variación del espacio? Y, por primeras cuentas, qué podemos entender por las tres dimensiones del espacio?

TRES DIMENSIONES DEL ESPACIO.

Empezamos con la tercera pregunta y diremos que se refiere a un caso sencillo de representación tri-di-mensional de los puntos del espacio. Para representar un punto en un plano, nos basta con tener su referencia a dos ejes cuales quiera que éstos sean. Es ésta la representación llamada cartesiana por haber sido descubierta por el eminente filósofo Descartes y que señala una conquista sorprendente en las lubricaciones matemáticas.

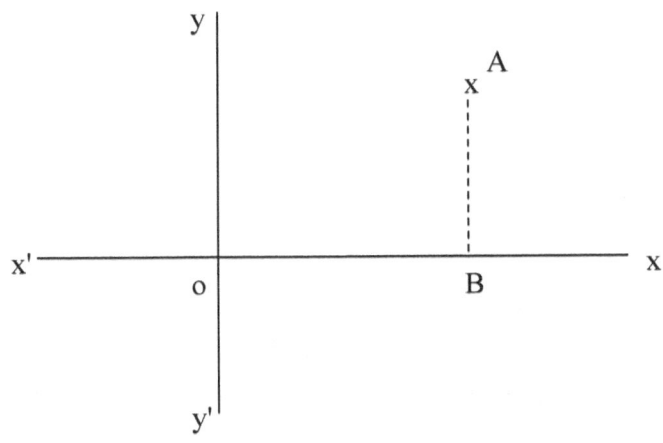

El punto A. tiene por referencia la abscisa OB y la ordenada AB. Estas dos magnitudes son bastantes para determinar el punto A, como puede verse por su referencia al Sistema de Coordenadas.

En ciertos casos llegan a ser negativas o una negativa u otra positiva y hasta nulas. De todas maneras, por este medio podemos representar absolutamente todos los puntos contenidos en cualquier plano.

Si ahora nos referimos a la representación, ó mejor dicho, a la localización de un punto en el espacio, tendremos necesidad de aumentar un plano más y así hacer patente la altura. Para ello emplearemos el sistema siguiente:

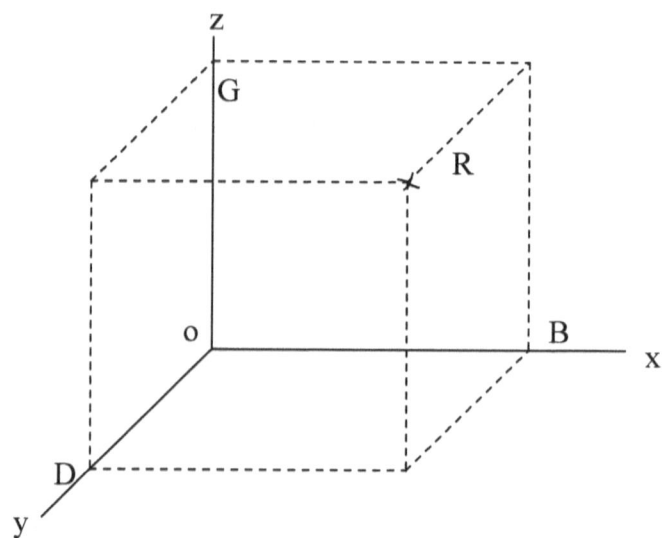

En él, el punto A está determinado por la absisa OB por la ordenada OD y por la cota OG. Con estas coordenadas tenemos perfectamente situado el punto que puede, no sólo estar colocado en la primera cuadrante, sino en cualquiera de las ocho cuadrantes que se forman con la intersección de los tres planos perpendiculares, ó aún puede estar colocado en cualquiera de estos planos, en la intersección de uno con otro o en la intersección de los tres que correspondan al punto de origen.

Cuando afirmamos que el espacio tiene tres dimensiones expresamos propiamente que cualquier punto colocado en el espacio, para precisarlo debe ser referido a tres planos coordenados. En muchas ocasiones se habla de tres dimensiones incorrectamente, es decir, refiriéndose a lo largo, lo ancho y lo grueso de un cuerpo. Esta manera de expresarse da lugar a multitud de confusiones, pues en muchos cuerpos que son irregulares, podría difícilmente decirse cual es su ancho, su grueso y su largo. No es eso. Las tres dimensiones se refieren a cada uno de los puntos del cuerpo, que están perfectamente señalados y determinados por medio de sus tres coordenadas, referidas a los tres planos de referencia.

La Geometría descriptiva y la Geometría analítica se refieren a estos asuntos con toda amplitud y el concepto geométrico matemático de las tres dimensiones, únicamente debe verse desde este aspecto.

Einstein en su biblioteca (1920)

OCTAVA CONFERENCIA.

LA CUARTA DIMENSION.

Ahora vamos a referirnos a la cuarta dimensión ó sea la del tiempo. Para ello tenemos que dar algunas nociones preliminares que son indispensables para comprender.

Todos los cuerpos están colocados en un sistema de traslación. El sistema de traslación, como su nombre lo indica, está moviéndose a una velocidad determinada. Podemos suponer, por un momento, que la tierra constituye un sistema de traslación y que nosotros y los fenómenos físicos que ocurren en la tierra estamos moviéndonos o estabilizándonos en ella misma. La consideración del sistema de referencia es interesantísimo. -Un vehículo tiene una velocidad de 200 kilómetros por hora; esta noción sólo se consigue cuando referimos su posición, continuamente cambiable, a la tierra; es decir; con referencia al sistema de traslación que es la tierra. La velocidad de un cuerpo se determina siempre comparando dos movimientos ó un movimiento con una situación estática.

Por mucho tiempo se ha tenido la pretensión de determinar la velocidad absoluta del sistema de traslación constituido por la tierra. Esta velocidad absoluta de la tierra sería sólo con referencia a algo que absolutamente no se moviera. Este algo no sería otra cosa, que el espacio infinito concebido por Newton y que se imagina absolutamente estático. Los intentos máximos para la determinación de la velocidad absoluta de la tierra, fueron constantes y en ocasión próxima nos ocuparemos de uno de ellos, el de Michelson, que ha dado lugar a las meditaciones y a las teorías más espléndidas.

Por ahora diremos que existen en el Universo muchos sistemas de traslación, un número ilimitado de sistemas de traslación. El individuo que se encuentra en un aeroplano, transportado con una velocidad determinada, puede considerarse también, en un medio, como en un sistema de traslación y referir sus movimientos así como los de los objetos a su alrededor, a su sistema, haciendo hincapié que él, dentro del mismo vehículo se mueva por ejemplo a una velocidad de cinco kilómetros por hora y que un cuerpo describe determinada curva con una velocidad también determinada.

CADA SISTEMA TIENE SU ESPACIO Y TIEMPO DETERMINADOS.

Pero, ¿el sistema de traslación tiene espacio y tiempo determinados? Desde luego diremos que los espacios contenidos en cada sistema tienen una magnitud determinada por la naturaleza de la velocidad del sistema.

Esta nueva concepción, de que el espació depende de la velocidad, es algo completamente interesante. ¿Es una hipótesis absolutamente independiente de la realidad fáctica, podremos decir que no hay ninguna dependencia y que los sistemas de traslación, aún con las mayores velocidades, siempre ofrecerán un espacio idéntico? Pero ya desde un principio hemos hecho notar que la teoría de la Relatividad se basa sobre los hechos y no sobre suposiciones del mundo. Lo que realmente acontece en el Universo es que los cuerpos que llevan una velocidad bastante grande, van originando contracciones en todos sus elementos. Podremos decir que a mayor velocidad, mayor contracción. Esto es lo dado por la experiencia y sobre él podemos decir que todos los sistemas, ofreciendo velocidades distintas, también nos muestran espacios distintos. Concepción de Lorenz.

Por otra parte la estimación del espacio sólo puede hacerse dirigiendo visuales a los extremos de una magnitud dada. Supongamos que esta magnitud está en movimiento; su estimación sólo se puede hacer observando simultáneamente los dos extremos. Es decir, es necesario que exista la simultaneidad, como condición primera. ¿Pero, podemos afirmar la existencia de la simultaneidad? Cabe afirmar que es imposible.

Cuando observamos dos hechos, por ejemplo en el campo estelar, uno de ellos está enormemente alejado de nosotros y el otro sumamente cerca. Desde luego cabe suponer que la luz llega a nosotros después de que el foco luminoso ya ha pasado por un determinado sitio en el Universo. En este caso, cuando hacemos la observación y tenemos la precepción, el punto se ha alejado considerablemente. Si los dos puntos en que acontecen los fenómenos están desigualmente colocados con respecto a nosotros, podemos afirmar que el retardo con que hemos observado a los mismos, está también determinado por alejamientos desiguales. ¿Cómo podemos estimar que los dos fenómenos se realicen simultáneamente, si sus rayos luminosos hieren nuestra retina en tiempos desiguales?

Se necesitaría para determinar fenómenos simultáneos, estar colocados en un lugar que siempre fuera el centro de las distancias y esto es imposible. Por otra parte saber que no estamos exactamente en el medio, equivale a tener de antemano ya conocidas las distancias, cosa a la que se quiere llegar. Si suponemos el caso de un vagón cuya extremidad delantera se aleja de mi ojo mientras se aproxima la extremidad trasera, podemos decir que el rayo anterior se propaga en dirección de mi ojo más lentamente que el rayo posterior sin que por otra parte, pueda advertirlo, puesto que a su llegada encuentro la misma velocidad en los dos puntos. Por consiguiente, el rayo anterior, ha debido dejar la extremidad trasera del vagón, después que el rayo anterior a la extremidad delantera; luego cuando veo el extremo delantero del vagón, coincidir con el piquete azul, veo simultáneamente su extremo posterior que ha pasado por el piquete rojo hace cierto tiempo. Así pues, la longitud del vagón lanzado con velocidad máxima y tal como ella se me aparece, es más pequeña que la distancia entre los dos vagones que marca la longitud del vagón parado. (-Nos dice un comentarista, de la doctrina, objeto de nuestras investigaciones-).

En unas cuantas palabras: El espacio es en función de la velocidad. La velocidad determina la naturaleza del espacio. Notar esta diferencia espacial es imposible, pues colocados en un sistema de traslación determinado, nosotros, lo mismo que los cuerpos, tendremos que sufrir esta misma deformación. Nuestro metro sufre la misma transformación que los cuerpos. Esto es lo que acontece cuando acostumbramos a ver a través de lentes que disminuyen considerablemente los objetos vistos, al cabo de un tiempo especial nosotros notaremos esta disminución; estamos acostumbrados a las relaciones que son más interesantes que las magnitudes en si mismas. Esto daría lugar a una concepción especial que tendrá sus raíces en un relativismo proporcional a nuestras posibilidades cognoscibles.

Esta interpretación fue la aceptada por Lorentz, cuando quiso interpretar el fenómeno de Michelson y que señalaba el nudo gordiano de la Física contemporánea.

ES ESPACIO DETERMINADO POR EL TIEMPO.

Pero ahora encontramos un dato preciso, de gran significación: Si la magnitud del espacio está determinada por la velocidad del sistema de traslación y toda velocidad siempre está en función del tiempo, esto quiere decir que un último análisis, el espacio está determinado por el tiempo. Matemáticamente expresaremos en la forma siguiente:

$$e = f(v) \text{ y } V = F(t) \text{ luego } e = \phi(t)$$

En donde el espacio es en función f de la velocidad, la velocidad es en función F del tiempo, luego el espacio es en función ϕ del tiempo.

Ahora si comprenderemos la naturaleza de esta cuarta dimensión llamada tiempo.

La liga entre el tiempo y el espacio es completamente estrecha. A variaciones del tiempo, corresponden variaciones del espacio. El espacio y el tiempo están ligados estrechamente como se ve por la expresión $e = vt + E$.

EL ESPACIO Y EL TIEMPO RELATIVOS.

La magnitud de los espacios depende de la velocidad del sistema o sea del tiempo. El espacio es relativo, es decir, debe ser siempre referido a un sistema determinado de traslación. Pero Einstein no se detuvo aquí, sino que afirma que también el tiempo es relativo al sistema de traslación. El tiempo absoluto es imposible de determinar. Sería, en un caso especial, un segundo, el tiempo que tardara el rayo luminoso en recorrer trescientos mil kilómetros por segundo. Pero, ¿No siempre esto ocurre dentro de los sistemas de traslación? Y, ¿no puede suponerse que el rayo vaya en la dirección del sistema de traslación y después en sentido contrario, lo que originaría que en un caso se tuviera

$$V_1 + V_2 = V$$

v, velocidad de la luz, más velocidad del sistema; y

$$V_1 - V_2 = V$$

Es decir, datos completamente distintos.- Por otra parte, ¿Cómo debería precisarse la velocidad absoluta del sistema para ser efectuada la fórmula anterior, si no hay referencia a un espacio absoluto? ¿Esto es posible?

La negación de la simultaneidad sólo se refiere a su elemento cognoscitivo, más que a su naturaleza ontológica. Pero, de todas maneras, no existe la posibilidad de afirmar lo simultáneo y es preferible que nos quedemos dentro de la barrera de lo experimentable.

No pudiéndome referir con toda la amplitud que deseara, podemos llegar a la conclusión de que tanto el espacio como el tiempo, son relativos al sistema de traslación.

De aquí el nombre de la doctrina que en muchas ocasiones ha sido malamente interpretada bajo la expresión de un relativismo absoluto. He oído decir que un conocimiento relativo del Universo tiene su máxima demostración en la teoría de la Relatividad de Einstein, creyendo ver, los que así afirman, en lo más intimo de esta doctrina, un relativismo propio de un Protágoras; al afirmar que "el hombre es la medida de todas las cosas".

Discutiremos el problema cuando veamos, desde un punto de vista filosófico, las relaciones entre la teoría de la relatividad y el relativismo, afirmado como tésis epistemológica en uno de nuestros más connotados filósofos occidentales.

Casa de Albert Einstein en Berna, Suiza

NOVENA CONFERENCIA.

LA GRAVEDAD DETERMINA LA FORMA DEL UNIVERSO.

Hemos hecho notar que las ciencias fácticas deben tener como asiento de sus verdades la experiencia. Esta se presenta con los caracteres limitados de la aproximación, la contingencia y la particularidad. La Ley de la matemática eidética, absoluta, necesaria, universal, no se puede aplicar al mundo de los hechos. Es necesario construir un nuevo cálculo, por ventura ya iniciado desde hace mucho tiempo en las teorías del azar, las probabilidades y últimamente con el Cálculo Tensorial y las Geometrías no-euclidianas para poder interpretar el mundo amplísimo de los hechos naturales.

La Teoría de la Relatividad nos conduce, en primer término, a desechar toda hipótesis que no tenga una fundamentación en los hechos. ¿Por qué imaginar y suponer un espacio infinito, un tiempo infinito, una gravitación universal, una velocidad que puede llegar a las máximas expresiones? Si el mundo no nos entrega esos datos, si la misma elaboración científica no nos autoriza para esos desarrollos únicamente conceptuales, no debemos hacerlos.

Humildad, acatamiento a lo reducido de nuestra intelección y experimentación, afirmación absoluta en la realidad. No hacer hipótesis sin fundamentación fáctica. No llegar a la posición de Newton que hizo hipótesis que únicamente sirvieron para dilatar el ensanchamiento del conocimiento físico, al suponer la infinitud del tiempo y del espacio y la constancia absoluta de la masa.

Ver la materia. Analizarla. Estudiar su estructura íntima. Y gracias a ésto, tomar la gravitación como una propiedad de materia; el espacio también como una propiedad de la materia; sólo en ésta forma, la estructura del Universo se aclara y se confirma.

LA GRAVEDAD ES INMANENTE A LA MATERIA.

La gran conquista de Alberto Einstein, es haber concebido la gravedad como elemento inmanente a la materia. La teoría de la Relatividad generalizada, trata especialmente este asunto que podríamos decir constituye el sustentáculo de la nueva doctrina.

La gravedad determina la forma del Universo; fija la Geometría que le es propia y establece al espacio como una consecuencia de la existencia de la materia.

Esta conquista supone varios asuntos que van a ser el objeto de la presente conferencia:

En primer lugar, la afirmación de que LA GRAVEDAD DETERMINA LA FORMA DEL UNIVERSO.

En segundo término, la concepción de la estructura, forma y límites del Universo, concibiendo las GEODESICAS GAUSSIANAS.

En tercer lugar, la búsqueda de estas diferentes modalidades en la forma del Universo que Einstein encontró en las GEOMETRIAS NO-EUCLIDIANAS, formuladas principalmente por Lobatschewskij, Bolyai, Riemann, Gauss.

Y por último, la afirmación de la tesis leibniciana que sostiene la forma y EL ESPACIO COMO UNA CONSECUENCIA DE LA existencia de la materia.

LA GRAVEDAD DETERMINA LA FORMA DEL UNIVERSO.

La gravedad había sido considerada como fuerza que operaba fuera de la misma materia. Fuerza cósmica dominando a los cuerpos esparcidos por el Universo. Fuerza universal y absolutamente idéntica en el espacio infinito.

Sin embargo, los desarrollos teoréticos y prácticos de Einstein, en la doctrina de la Relatividad, nos llevan a la confirmación de que la gravedad depende de la materia; está en función de su propia naturaleza. La gravedad es una de las consecuencias dentro de las manifestaciones electro-magnéticas de la materia. La fórmula que la establece no puede desligarse de tensores magnéticos ya perfectamente comprobados.

La gravedad concebida así, tiene variaciones según la naturaleza de cada lugar del Universo. Como no es igualmente gravítico el Universo en todas sus partes, cabe suponer la existencia de ciertos espacios en que falte la gravitación. Existen propiamente campos gravíticos y no gravitatorios. Con ésto, se ha destruido el fetiche del cosmos perfectamente unificado por la Ley de la Gravitación.

NO EXISTE LA LINEA RECTA.

La concepción de la línea recta conforme a las ideas de Euclides, Arquímedes y Proclus, ya no satisface. Desde luego la noción de Euclides, considerando la línea recta como aquélla "que está sensiblemente colocada con relación a sus puntos", es absolutamente indeterminada. La noción sobre la línea de Arquímedes y Proclus, admitida por los clásicos matemáticos después de Lagendre, definiéndola como el camino más corto de un punto a otro, no es posible afirmarla dentro del campo fáctico, pues entonces está envuelta en un ilimitado número de cambios y modalidades contingentes. Ya Leibniz ha hecho una de las más profundas observaciones al considerar la naturaleza de las verdades fácticas dentro del concepto de inconmensurabilidad. La idea de relacionar la línea recta con la noción de una dirección fija, supone establecer de antemano, una cuestión aún más difícil como es la de saber a qué dirección se refiere. La idea de la trayectoria de la luz no se compagina con la afirmación y la comprobación de que la luz también es gravitable, es decir, con un hecho perfectamente comprobado. Y si queremos destruir con argumentos aún más serios desde el punto de vista lógico, las concepciones antiguas, diremos que no es realmente definición aquella que acepta, no la esencia de lo definido, sino la comparación de la cosa por definir con otros elementos que no lo son. Afirmar que la línea recta es la mínima distancia entre dos puntos, es establecer una comparación y afirmar la existencia de otras líneas que no son rectas. Y, ¿no toda comparación presupone lógicamente el conocimiento anterior de los elementos que se comparan? Entonces, no se exige de antemano un concepto esencial de la línea recta?

LAS GEODESICAS DE GAUSS.

La única posibilidad fáctica de hecho, es la existencia de direcciones que siguen algunos elementos de índole fáctica. Entre estos hechos, cuál es aquél que mejor se ajusta a ser tomado como dirección más constante? Indudablemente es la luz; pero la luz ofrece cambios en su derrotero según sufra el poder de la gravitación. Es imposible, por lo tanto, aplicar el concepto eidético de la línea recta al mundo de los hechos. Sólo quedan líneas sujetas a la gravitación, líneas que precisan el Universo gravitable. Líneas que siguen la estructura gravítica de las diversas partes del Universo. Estas son las únicas líneas que por convención especialísima llamaremos rectas.

La existencia de estas líneas sujetas a la gravitación, es lo que Gauss aprovechó para concebir las llamadas Geodésicas. Estas no son más que las líneas que precisan las curvaturas del Universo. Sólo con referencia a ellas deben precisarse todos los hechos que acontecen en el mismo. La estructura de las coordenadas celestes, no debe hacerse como la que actualmente se acostumbra en astronomía, de naturaleza completamente eidética y ajustada a los principios de la Geometría Euclidiana, sino a las coordenadas geodésicas, establecidas por Gauss. La forma de estas coordenadas sería aproximadamente la siguiente:

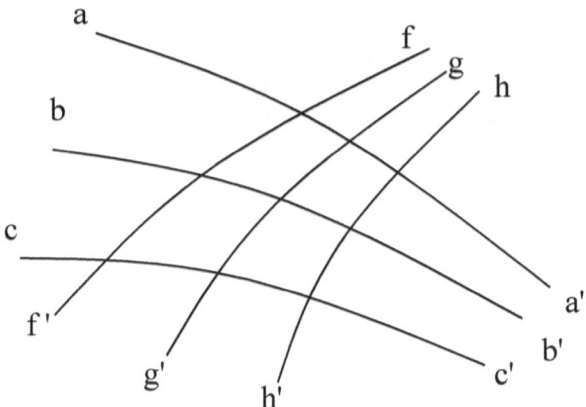

La determinación de un punto en este sistema, debe establecerse por líneas que también sigan las determinaciones gravíticas del lugar.

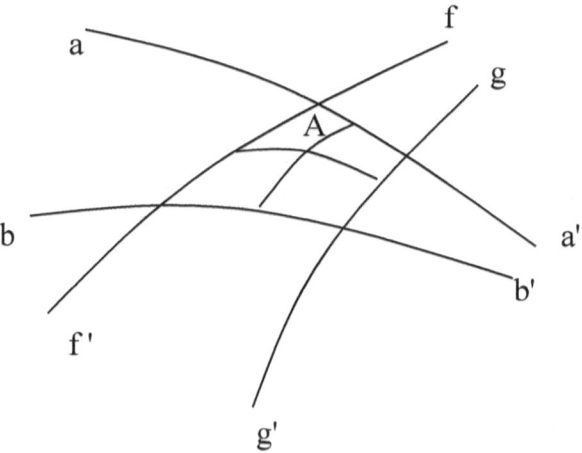

Albert Einstein

DECIMA CONFERENCIA.

EL INTERVALO ASTRONOMICO.

EL UNIVERSO ES FINITO PERO ILIMITADO.

<u>INTERVALO ASTRONOMICO.</u>

Es importante la consideración de este asunto en la doctrina que sobre el intervalo astronómico presenté a la consideración de la Universidad Imperial de Kyoto y que ha tenido una amplia aceptación.

Así establecido el Universo, cabe suponer que las líneas "rectas" no se prolongan en el espacio "infinito", sino que siguen indefinidamente deformándose en virtud de las diversas fuerzas de atracción gravitatoria, sin que pueda notarse dicha deformación por estar sujeto todo absolutamente a estas fuerzas imperantes en el lugar de que se trata.

<u>EL PRINCIPIO DE ILIMITACION.</u>

Si el Universo se mide por estas líneas, única posibilidad de medición, queda por definición establecido un principio de ilimitación. Por más que continuemos la ruta, siguiendo curvas amplísimas, jamás tendrán un límite. El Universo concebido así, como finito, sin embargo llega a tener el carácter de ilimitado.

Cuando se dice que el Universo no es infinito, aunque sí ilimitado, parece que se peca por una contradicción; sin embargo creo haber aclarado suficientemente este asunto.

LA GEOMETRIA DEL UNIVERSO.

Fácilmente se ve, cómo el Universo está determinado en su forma por la gravitación. Cuál es la Geometría que puede representárnoslo? La contestación que da Einstein a esta cuestión, nos conduce a un campo de investigación completamente nuevo y sorprendente.

En los campos no gravitables, la Geometría Euclidiana tiene una verdadera aplicación; en los campos gravitables neo-euclidianos, son los que realmente deben aplicarse.

Entonces, ¿por qué en nuestra experiencia común y corriente, la aplicación de los postulados euclidios, es perfectamente realizable y nos conduce a resultados efectivos?. Es porque la aplicación está referida a campos mínimos que llegan casi a identificarse con elementos tangenciales, tal como la figura siguiente lo expresa:

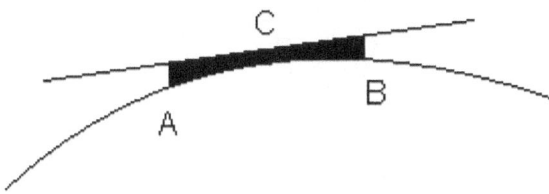

Los puntos A y B están muy cercanos al punto C. de tangencial. Pero sensiblemente la región A y B se confunde con la superficie curva, lo que dá lugar a pensar que sensiblemente es plana, como lo es el plano tangencial.

La Geometría euclidiana es sensiblemente aplicable a nuestra realidad, que corresponde a un campo de gravitación; pero, a medida que se extiende el campo de aplicación, va alejándose más y más de un dato exacto y correcto.

Este fue el pensamiento de Gauss, que más tarde se ha confirmado plenamente con la experiencia en el campo inmenso de las constelaciones. Las primeras experiencias de este eminente matemático no le proporcionaron una confirmación a su doctrina, porque operó dentro de un terreno reducidísimo y los estudios astronómicos no estaban lo suficientemente ampliados para poder realizar mediciones como las que actualmente se están verificando.

La determinación de la forma del Universo, precisada por elementos gravitatorios, exige una construcción fundamental en cuanto a la Geometría. ¿Donde encontrarla?

LA GRAVEDAD Y LAS GEOMETRIAS NO EUCLIDIANAS.

Hace mucho tiempo se pensó en la existencia de nuevas geometrías llamadas no-euclidianas. Graves y profundos intelectos lograron, dentro del campo de la matemática eidética y de la lógica, establecer, contrariando algunos interesantísimos postulados de la Geometría euclidia, nuevas geometrías que no llevaban ninguna contradicción ni externa ni interna.

Habían quedado estas brillantes lucubraciones en el campo de lo correcto y Einstein las aprovecha para aplicarlas a los campos gravíticos y por lo tanto, para representar el Universo en casi su totalidad. Veamos sus fundamentos, pero antes quiero reproducir algo consignando en mi tratado de Lógica y que se refiere al mismo asunto.

"La lógica nos entrega, por lo tanto, en los casos de la ciencia fáctica, la probabilidad de la verdad, la condición sine que non del conocimiento, el elemento necesario pero no suficiente, de la veracidad. Muchos elementos de la ciencia moderna habían quedado durante muchos años en este estado de corrección lógica y sólo debido a los recientes descubrimientos, han podido afirmarse definitivamente.

Un ejemplo demasiado interesante se encuentra, en el caso de las Geometrías no-Euclidianas. El principio 5° de la Geometría de Euclides es indemostrable. Intentos varios para su demostrabilidad se han dado desde Posidonio (siglo I antes de J.), hasta los precursores de la Geometría no-Euclidiana a principios del siglo XIII, como fueron el P. Gerolamo, Saccheri, Garnot, Lagendre, Bolyai y Wachter. Los intentos fueron vanos hasta que Gauss pensó y elaboró la primera Geometría-no Euclidiana, con bases totalmente distintas a las del geómetra griego. Independientemente del principio de Euclides, que afirma que: "si una recta que corta a otras dos, forma ángulos internos del mismo lado de la secante, cuya suma es menor que dos rectos; aquéllas prolongadas hacia éste lado, se encuentran" y que tienen como teorema deducidos, las proposiciones XXX, XXXI y XXXII, que en parte dicen: "Por un punto dado se puede trazar una sola paralela a una recta dada", construyó Gauss su Geometría. Doctrina que admite el paralelismo para regiones especiales y que, a pesar de sus paradójicas bases y conclusiones, no lleva contradicción interna y es completamente viable desde el punto de la corrección lógica".

"Al lado de esta brillante contribución se encuentran las Geometrías de Schweikart, Lobatschefskij, Bolyai, etc.

"La curvatura del espacio nos sirve para determinar la Geometría que le es aplicable; así, el espacio de curvatura positiva se ajusta a la Geometría de Riemann, resultando dicho espacio ilimitado y finito en todas direcciones. A la curvatura nula débesele aplicar la Geometría de Euclides y, por último, a la curvatura de valor negativo, sólo le satisface la Geometría de Lobatschefskij y Bolyai.

Todas estas elaboraciones sólo habían tenido lugar dentro de la lógica, pues llenaban todas las exigencias de la corrección. Einstein da a conocer en el presente siglo su famosa teoría de la Relatividad y acepta la representación no-Euclidiana de cuatro dimensiones. Parte de la hipótesis perfectamente establecida: El Universo espacio-tiempo, no es euclidio y la gravitación es la expresión de este hecho. Y asimilando gravitación y no-euclidismo, establece entre ellas una identidad de descripción matemática, sin ocuparse más de las relaciones causales. Afirma que la gravitación es una propiedad del espacio".

"La gravitación, para Einstein, no es más que la manifestación del carácter no-euclidiano del Universo. La línea recta es indefinible e inexistente. La masa de los cuerpos varía con su velocidad; no es constante como lo había admitido la mecánica newtoniana. Hay campos de gravitación que, para Weyle y Eddington, se unen al campo magnético en una síntesis admirable. Se encuentra la ley de la conservación, de la impulsión del Universo y otros principios más que son enseñados en las clases de Mecánica y Física modernas".

La Teoría de la Relatividad ha tenido confirmaciones en la experiencia, de tal naturaleza, que es imposible no darle actualmente el valor científico que merece. Del citado ejemplo se ve cómo las Geometrías no-euclidianas, que habían tenido el carácter de meras posibilidades de verdad, adquieren actualmente su confirmación de verdaderas desde el punto de vista de la Teoría de la ciencia.

Ahora, vemos algunos aspectos de esta nueva contribución científica de inmenso valor.

Fotografía de Albert Einstein.
Fotógrafo desconocido.
Centro de Archivo Shelby White y Leon Levy.
Instituto de Estudios Superiores, Princeton, NJ. USA

CONFERENCIA DECIMA PRIMERA.

LA FILOSOFIA Y LA TEORIA DE LA RELATIVIDAD.

EL CONCEPTO EIDÉTICO Y EL CONCEPTO FACTICO.

Existe como hemos visto, una barrera infranqueable entre el concepto eidético y el concepto fáctico; entre la noción sacada del dominio de las esencias y la obtenida en la experiencia de los hechos.

EL REALISMO Y EL IDEALISMO.

El máximo creador de la doctrina eidética es indudablemente Edmundo Husserl y el de la doctrina fáctica, Alberto Einstein. El primero, con el Idealismo Trascendente y Fenomenológico, afirmando la existencia del "Yo puro", sus posibilidades y sus realizaciones; el segundo, señalando un realismo que ve a la Naturaleza en su estructura funcional y ha llegado a interpretar, de manera magistral, las formas, el comportamiento y la estructura del Universo.

Ambos pecan por exaltar la interpretación de sus investigaciones a dominios completamente distintos. El primero, afirma el Idealismo más absoluto, señalando a las diversas realidades el carácter de participaciones del "Yo Puro"; el segundo sostiene el realismo más completo y afirma única y exclusivamente la realidad fáctica reducida a un proceso funcional-matemático.

De todas maneras, la división de la realidad se marca perfectamente en estos dos grandes intelectos y, puede decirse, que estamos todavía en la pretendida solución al problema de las substancias.

Realmente la obra de Descartes en el Renacimiento, todavía preocupa a todos los problemas relacionados con la Ciencia y la Filosofía.

Ya sea el humanismo, descartando hasta cierto punto la Teología y afirmando la posición del hombre, ya sea la estricta división de la materia y el espíritu; de todas maneras, todavía se refleja en nuestros pensamientos la compleja estructura de estas dos posiciones.

EL HUMANISMO.

Tratar de fundamentar todas las esencias y los actos en el hombre mismo, supone un esfuerzo preliminar para afirmar la naturaleza humana. Esta afirmación se ha tratado de encontrar continuamente. Todas las doctrinas éticas, jurídicas, estéticas y sociales en general, han tratado de hallar este núcleo de responsabilidad y de afirmación. Por un lado nos encontramos con el Psico-análisis que afirma en el "inconsciente" la naturaleza última del hombre; más allá la Endocrinología que trata de fundamentar los procesos espirituales en el funcionamiento de las glándulas endocrinas ó de secreción interna y acuyá, la tésis filosófica, personalista de la "integración" en la doctrina de Marx Scheler.

Sin embargo, el resultado no ha satisfecho a nuestras exigencias sociales e históricas y, es por ello, que se ha recurrido a afirmaciones buscadas en los conglomerados humanos.

La tésis de Hegel, con carácter idealista y con método dialéctico es aprovechada por Carlos Marx en la elaboración sustanciosa del Materialismo Histórico, aceptando fundamentalmente el proceso en una forma dialéctica. Se busca insensatamente la fuente de lo humano, ya no en lo individual sino en lo colectivo; ya no en la realización del Yo individual, sino en la manifestación de las masas y comunidades.

La Edad Media supo afirmar al hombre, tomando como centro de todo lo creado a la Divinidad. La obra Teológica preludia a la obra Filosófica. Se investiga en primer término los problemas de existencia de Dios; sus múltiples demostraciones y realizaciones y después se sigue con el complicado sistema de la Ontología, afirmando la naturaleza de seres posibles y reales.

De todas maneras el hombre se veía sostenido por una idea, por un concepto, por una fe inquebrantable y armónica. Aún la Escolástica con sus bases en la filosofía del "No Yo" de Aristóteles, señalando al problema filosófico la tendencia a desentrañar la estructura del Universo y las causas del mismo, vése afirmada con la documentación amplísima de la Suma Teológica que profundizaba la esencia de la Divinidad.

Roto este pedestal por la Filosofía Cartesiana y señalado el hombre como el centro de sí mismo; era necesario que se le diera una base firme, que se le impusiera un punto de apoyo y esta base y este punto nunca aparecieron en la obra Cartesiana. Todas las filosofías y doctrinas individualistas o colectivistas no han hecho otra cosa más que buscar la afirmación del hombre. El Ser Humano es para la doctrina darwiniana la continuación de una serie evolutiva vital, y por lo tanto tiene su razón íntima de ser, en este proceso de la evolución. El hombre es para Freud la manifestación plena del inconsciente y debe buscar su esencia en esa manifestación perpetua de la lívido o de la voluntad de poderío, como lo estableciera más tarde Adler. El hombre es la manifestación del funcionamiento de las glándulas tiroides, paratiroides, suprarrenales, parte anterior y media de la hipófisis, células intersticiales de los testículos, células de los ovarios, islotes de Longerhans del páncreas y, para algunos autores aún de las glándula pineal y lóbulo posterior de la hipófisis, como lo anuncian los más connotados endocrinólogos. Y para no citar más doctrinas, el hombre es la manifestación del espíritu puro, capaz de aprender esencias y de realizar potencialidades completamente sui géneris. Reducido el campo de estas manifestaciones de especie animal o de formación individualista. De la misma manera se ha pretendido llegar a sostener la Naturaleza en el aislamiento más absoluto; sin embargo todo se compenetra y se influye. Pero ¿Cual es la naturaleza de esa coparticipación?

Cuestión la más profunda y la más difícil de todas las investigaciones modernas.

La colectivad influye en la conciencia del individuo, ha dicho Carlos Marx, pero también, el individuo influye en la conciencia de la colectividad, ha propuesto Federico Engels. La experiencia requiere un anticipo ideal, un a priori en su elaboración, ha sostenido Stammler, basándose en la doctrina kantiana, al referirse a la naturaleza del Derecho; pero el a priori señala en su elaboración una realidad, prefijada en la experiencia interna o externa. El ser señala el punto de apoyo de todo lo existente, pero el devenir se impone intuitivamente. Para existir el movimiento se exige la existencia de "algo" que se mueva; para existir el ser se requiere la manifestación de elementos que lo aprehendan y tengan conciencia del mismo. La Metafísica presupone la Epistemología y también ésta presupone la anterior. Se necesita poseer la facultad cognoscitiva para afirmar la existencia del ser o del devenir, pero a la vez se requiere la existencia del ser o del devenir para afirmar la posibilidad del sujeto cognoscente.

Toda una serie larga de apreciaciones contrapuestas en las que se nota la íntima compenetración de las realidades, su conexión y su más inquietante y misterioso enlace.

Todos los inventos se refugian en la búsqueda de las diferentes manifestaciones de la realidad, y ¿Cuándo radicarán su atención en descubrir, con toda penetración, las relaciones fundamentales de estas realidades? Es cierto que en algunas ocasiones se les acerca y hasta confunde lamentablemente como pasa con el Psicologismo; otras se les aleja considerablemente como acontece, por ejemplo, con la doctrina mística de Keyserling a través de investigación de los fenómenos telúricos completamente alejados de los espirituales. Falsas posiciones. Ni el Universo es la manifestación de una única sustancia, ni sus realidades están separadas radicalmente. Enlace admirable, trama de infinita laboriosidad.

¿Armonía pre-establecida de Leibniz? ¿Paralelismo metafísico de Spinoza? ¿Coparticipación del Yo, según Husserl? Intentos que no satisfacen porque no señalan un amplío horizonte. La realidad es múltiple y una al mismo tiempo. Unidad en la diversidad. Claras y penetrantes frases de Lao Tseu y Rumi en la profundidad de la meditación china e indostánica.

"He levantado los ojos y he visto en toda la extensión del espacio un sólo Ser.

"Los he bajado y he visto en las ondas espumantes un sólo Ser.

"He mirado a los corazones y allí he visto un océano, un número infinito de mundos.

"Llenos de mil ensueños y un sólo Ser he visto en estos ensueños.

"El aire, el fuego, la tierra y el agua, se han fundido en un solo ser.

"En el temor a Tí porque nada osa resistirte.

"El corazón de todo lo que vive entre la tierra y el cielo.

"No debe cesar de vibrar para adorarte. ¡Oh Unidad! Exclama Rumi.

Albert Einstein con su primera esposa, Maric Mileva. 1903-1919

CONFERENCIA DECIMA SEGUNDA.

LA EXPERIMENTACION DE LA TEORIA DE LA RELATIVIDAD.

LA HIPOTESIS Y LA EXPERIENCIA.

Una enseñanza verdaderamente excepcional se encuentra en la Teoría de la Relatividad cuando destruye conceptos que no tenían ninguna afirmación en el campo de lo físico. Las hipótesis arbitrarias de la infinitud referidas al tiempo y al espacio, dieron lugar durante mucho tiempo a que no se pudiera conocer la naturaleza íntima de estos dos elementos. La aceptación de la Geometría Euclidiana, como tésis universal y absolutamente valedera para todos los lugares del Universo, dió también ocasión a crear en la mente del hombre, un cosmos completamente alejado de la realidad y sólo contenido en la inteligencia.

PRINCIPIO GENERAL.

Cuando se opera en el campo de las realidades fácticas, débese apoyar en la experiencia. Que ésta resulta pobre, aproximada y contingente, no es un asunto de mayor impedimento, puesto que los resultados de la Ciencia Física deben ser aplicados a la realidad tal como se encuentran.

VELOCIDAD DE LA LUZ.

La velocidad de la luz considerada aproximadamente como igual a 300,000 kilómetros por segundo, se puede estimar como la velocidad máxima hasta ahora encontrada y establécese su enunciación como un principio absolutamente evidente. No cabe duda que los cálculos matemáticos, la mente siempre ampliada del hombre y aún la fantasía y la imaginación, nos pueden llevar a la consideración de velocidad máximas a 300.00 kilómetros por segundo; velocidades de millones, trillones o cuatrillones de kilómetros por milésima de segundo; velocidades fantásticas. Sin embargo, ningún hecho de la experiencia justifica esta apreciación y nos colocamos fuera de la realidad física.

Hasta la fecha no se ha encontrado velocidad máxima que supere a la de la luz. No hay inconveniente en considerar a ésta como la velocidad máxima. No debemos tener la intención de establecer principios eternos, infalibles para todos los siglos, para todas las épocas. Y ésto, no porque creamos que debe satisfacernos un principio utilitario como lo hace el Pragmatismo, ni tampoco aceptando a la realidad "como si existiera en la tésis filosófica de Veinger. No. Lo que se establece es que debe bastarnos la realidad tal como se presente. Sabemos muy bien que ella es contingente y que se dará a nuestras precepciones cada día mayor amplitud. Por eso mismo exigimos leyes contingentes, principios relativos, consecuencias sacadas de labores estadísticas.

EL VALOR DE ALGUNAS CONSTANTES.

¿Por qué suponer que el valor de π es igual en la investigación matemática y en la experimentación física?

Si establecemos que pudiera verificarse el valor de π en una esfera tan grande como la de un planeta en rotación, tomando en cuenta que este fuera exactamente esférico, al verificar la relación de la circunferencia con el diámetro, tendríamos que contar con que los individuos que estimaran esas magnitudes, tendrían que recorrer el citado cuerpo en el sentido ya de su propia rotación ó contrario a la misma. En ambos casos, la contracción ampliamente estudiada por Lorenz, debería de aplicarse y por lo tanto las estimaciones de la circunferencia, serían completamente distintas, lo que daría lugar a que la relación tuviera un valor completamente distinto al estimado en la fórmula:

$$\pi = 3.141592653589793238 46$$

LA LINEA RECTA Y LA GEODESICA.

La misma línea recta es difícil aceptarla dentro del campo de las realidades fácticas. Podríamos decir que el Universo no es euclidio, sencillamente porque no existe la línea recta. La trayectoria señalada por los rayos luminosos está sujeta a la gravitación y, por lo tanto, describe enormes curvas, no fáciles de apreciar por estar dentro del mismo campo gravitatorio del observador. Curvas llamadas geodésicas y que sirven de fundamento a la Geometría de Riemann. No existiendo la línea recta, difícilmente podemos afirmar la existencia de las paralelas. La misma estructura de las geometrías no-euclidianas, nos conducen a mirar los teoremas de que la suma de los ángulos internos de un triángulo, es igual a dos rectos; por un punto colocado fuera de una recta podemos trazar una sola paralela y otros, relacionados con los fundamentos de la Geometría, que habíamos considerado como invariables.

COMPOSICION DE VELOCIDADES.

Pero así como se destruye la universalidad de la Geometría Euclidiana, así también la Mecánica tradicional sufre menoscabo. Si la velocidad máxima es la de la luz y existen velocidades muy cercanas a la de la misma, cuando tratemos de encontrar la resultante de varias velocidades, ésta no podrá ser exactamente igual a la suma de las velocidades componentes, pues originaría ésto que se llegara a cantidades más grandes que la velocidad de la luz. Por lo tanto, las fórmulas de la suma de velocidades y composición de las fuerzas, hartamente sabidas, se niegan de una manera terminante y dan lugar a meditar en la construcción de una nueva mecánica más ajustada a la realidad.

EL ESPACIO Y EL TIEMPO.

El espacio es relativo a los sistemas de traslación y lo propio acontece con el tiempo. Sólo el intervalo einsteinniano, es absoluto e indiferente en cualquier sistema que se le asigne. De aquí que se llegue a formular una relación íntima entre el tiempo y el espacio, de tal manera, que es imposible concebirlos aisladamente. La estructura del Universo es de naturaleza tetradimensional, es decir, de cuatro dimensiones. Sólo bajo esta consideración pueden comprenderse los fenómenos que existen y se desarrollan en el cosmos.

EL UNIVERSO TETRADIMENSIONAL.

No se puede concebir actualmente el espacio y el tiempo aislados; estamos, por ejemplo, en Astronomía, operando arbitrariamente al proceder a la determinación del tiempo y del espacio en una forma completamente independiente, por eso mismo sostuve, en conferencia dada en la Universidad Imperial de Kioto, la necesidad de buscar nuevos métodos de investigación en la medición del intervalo astronómico. Tésis que mereció la aprobación de meritísimos matemáticos y astrónomos, como la del Doctor Issei Yamamoto, Director del Observatorio de Kwasan.

LA SIMULTANEIDAD.

El concepto de simultaneidad también queda destruido en la esfera fáctica y por lo tanto, en su mundo propio. No es posible afirmarlo, porque su realización tiene un principio de absoluta incognoscibilidad.

La causalidad sufre transformaciones radicales, tomando en cuenta la velocidad de los sistemas. El carácter no reversible de la causa y el efecto, vése destruido frente a la consideración de la relatividad del tiempo, ocasionada por la diversidad de velocidades en los sistemas de traslación. Es cierto que ésto constituye uno de los más grandes defectos de la concepción einsteinniana. No es posible señalar a toda la estructura del Universo, un carácter funcional, matemático. Llegar a estas consecuencias, es destruir la consideración naturalista de los fenómenos físicos y en algunos pensadores extralimitarse en los campos de lo vital y hasta de lo psicológico. Ya Hans Driesch ha hecho la defensa al principio naturalista de la causa y del efecto, pero creemos que su argumentación no es lo suficientemente fuerte, ya que para nosotros, el devenir dialéctico con sus características propias, afecta no sólo al mundo histórico sino a la realidad física. Así también la refutación del Profesor Carvallo, Director honorario de los Estudios de la Escuela Politécnica de París, señalando defectos en la consideración del principio que afirmaba la invariabilidad de la velocidad de la luz, sostenida por la doctrina de la Relatividad, en parte, trata de restablecer el concepto más ajustado a las exigencias y a la naturaleza de lo físico, de lo vital y de lo psíquico. Pero no obstante estas refutaciones que de una manera bastante profunda ha señalado Painlevé, puede decirse que las bases fundamentales de la doctrina de Einstein, que nosotros radicamos en la llamada Teoría de la Relatividad generalizada, quedan como columnas perfectamente estables. No cabe duda de que el principio de equivalencia de un movimiento acelerado del sistema de referencia, con un campo gravitatorio, es el sentido último de toda la teoría de la Relatividad de Einstein. En los últimos capítulos de nuestra obra "Fundamentos Filosóficos de la Dialéctica", damos nuestros puntos de vista acerca del encadenamiento de los fenómenos en esos tres campos tan interesantes como son el físico, el vital y el psíquico.

LEYES DE LA OPTICA, MECANICA Y ELECTROMAGNETISMO.

Estas transformaciones son múltiples y se refieren principalmente a los conceptos de masa, naturaleza de la luz, leyes en el campo electromagnético, gravedad, etc. Llegan a modificarse tanto y a adquirir nuevas apreciaciones, que es imposible ajustarlas a las doctrinas tradicionales. Campos de gravitación, en lugar del principio universal gravitatorio; curvatura del espacio y del tiempo que lleva a un universo cilíndrico para Einstein; hiperbólico para Sitter; masa en función de la velocidad conforme a la ley de Lorentz-Einstein; invariancia del hipervolumen cuatridimensional; contracción de las longitudes y dilatación del tiempo; empleo de los tensores, densidad tensorial; revisión de las leyes generales del electromagnetismo; apreciando especialmente el tensor de energía electro-magnética y la ley general de la conservación, etc., constituyen cimientos de una nueva concepción del Universo.

LA GRAVEDAD Y LA FORMA DEL UNIVERSO.

La gravedad determina la Geometría. La mayor parte de los doctrinarios relativistas, afirman que la Geometría determina la gravedad. Como son dos cosas perfectamente ligadas e inmanentes a la materia misma, no cabe establecer una primacía de cualquiera de los dos. Más bien, por sistematización, podríamos decir que la gravedad determina la Geometría, aceptando en este instante, la profunda investigación que en alguna época Leibniz hiciera. He aquí una noción completamente nueva y que transforma el mundo científico considerablemente; la misma gravedad no es universal y existen campos gravíticos determinados. En los campos gravitatorios las geometrías no-euclidianas tienen su máxima realización y sólo de una manera aproximada es posible aplicarles la Geometría Euclidiana y ésto únicamente para regiones muy cercanas a los puntos tangenciales.

Fotografía de Einstein con Helen Dukas su secretaria y Chicko su perro en el jardín de su casa en la calle Mercer 112 en Princeton, Nueva Jersey.
Centro de Archivo Shelby White y Leon Levy.
Instituto de Estudios Superiores, Princeton, NJ. USA

CONFERENCIA DECIMA TERCERA.

EL RELATIVISMO Y LA TEORIA DE LA RELATIVIDAD.

RELATIVIDAD Y NO RELATIVISMO.

Vamos a hacer hincapié en una noción fundamental como es la de la Relatividad. Constantemente se ha desnaturalizado la doctrina de Einstein por considerarla dentro del campo del Relativismo.

EL RELATIVISMO.

Desde luego hagamos hincapié en lo que debemos entender por Relativismo. Esta doctrina no llega ni a la negación ni a la afirmación absoluta del conocimiento, como lo hace el Dogmatismo, ni tampoco se entrega en brazos de la duda como el Escepticismo. El Relativismo hace depender la verdad: ya de elementos subjetivos, ya de factores externos como son la utilidad, la economía del pensamiento, la existencia de ciclos culturales cerrados con sus propias elaboraciones conceptuales, o se sumerge en el agnosticismo con la constante afirmación del "como sí".

RELATIVISMO INGENUO O SUBJETIVO.

El Relativismo subjetivo es aquel que cree que el conocimiento no es entregado únicamente por las percepciones y que en vista de la variabilidad de éstas, de sus aspectos distintos y contingentes, aún en el individuo mismo, varía considerablemente, no teniendo lugar la afirmación de un conocimiento universal. Protágoras, con el principio de que "el hombre es la medida de todas las cosas", señala el aspecto más distintivo de dicha posición.

Ya esta doctrina fue ampliamente especulada por los escépticos griegos de la Escuela de Pirrón, Georgias, Enesidemo, Sexto Empírico, etc. Sus bases cada día se combaten con más fuerza y aún cuando ésta no es la ocasión de tratar directamente el problema, sólo diré que a través de las épocas van destruyéndose los principios que sostuvieron esta doctrina. Ya en la antigüedad Sócrates y Platón dieron algunos certeros golpes a esta tésis y con el transcurso del tiempo los más grandes filósofos como Agustín, Tomás de Aquino, Descartes, Leibniz y Husserl, señalaron nuevas rutas al problema.

RELATIVISMO SOBRE EL CONCEPTO UTILITARIO.

Si nos referimos al Relativismo sostenido por factores externos como la utilidad, nos encontramos tanto con el Pragmatismo, como con el Economismo y la Filosofía del "como sí". Estas posiciones hacen depender la verdad, ya de los bienes que nos aporta el exterior o ya de las funciones que ejercen los objetos mismos sobre nosotros.

EL PRAGMATISMO.

En la doctrina pragmática se hace la identidad más absoluta entre utilidad y verdad. Las bases últimas de esta doctrina están en la Filosofía de la contingencia de Boutroux y del intuicionismo de Bergson.

EL ECONOMISMO EPISTEMOLOGICO.

El Economismo de Avenarius y Mach, es también otra de las formas en que se trata de afirmar que, así como el hombre en su vida biológica requiere, para su propia conservación, economizar fuerzas y energías; y a mayor economía de energías, se encuentra mayor efectividad en la existencia; así también la economía del pensamiento es una condición, sine qua non, de la verdad.

LA FILOSOFIA DEL "COMO SI".

La Filosofía del "como sí" establece que debe tratarse al mundo, al Universo, al hombre, "como sí" existieran; es decir, fuera de las consideraciones Ontológicas de esencia. Unicamente importa que las leyes rijan al mundo y a la humanidad "como sí" éstos realmente se comportaran, tal como las mismas leyes lo establecen.

EL CRITICISMO KANTIANO.

Podemos considerar también como relativista la interpretación de la Doctrina del Cristianismo Kantiano hecha por Scheler. Kant, al admitir una posición intermedia, señala la necesidad de la existencia de una conciencia universal. El nóumeno es incognoscible, sólo lo fenomenal tiene realización el conocimiento. Ahora bien, Scheler nos habla del Relativismo del apriori kantiano, haciéndonos ver que la universalidad que sostenía a Kant, no es efectiva. La ciencia que estableció este filósofo sólo se refiere a un aspecto apriorístico de su época.

LA DOCTRINA DE LAS CULTURAS DE SPENGLER.

Por último podemos citar dentro de las tésis relativistas la de Spengler. Este filósofo del ocaso del Occidente, afirma que el conocimiento sólo se ajusta a determinadas épocas culturales. No hay conocimiento absoluto. La cultura determina la naturaleza íntima de la voluntad, del conocer, del sentimiento. Las culturas apolíneas, dionisiaca o fáustica, establecen aspectos nuevos, cada una de ellas, en los productos del conocimiento. Hay una Matemática apolínica, una fáustica, una dionisiaca. Lo propio acontece con la física y con todas las ciencias que tratan de descifrar la naturaleza del Universo. Con mayor razón la tésis puede extenderse al campo de los valores éticos, religiosos, estéticos, jurídicos.

EL PERSPECTIVISMO DE ORTEGA Y GASSET.

Se puede señalar también dentro del campo del relativismo, la doctrina del perspectivismo, en que la verdad depende del punto desde el cual se contempla el campo de la realidad. Tésis que tiene sus raíces en la obra de Scheler y su desarrollo en la pluma de Ortega y Gasset.

LA TESIS DE EINSTEIN.

La tésis de la Relatividad de Einstein está completamente alejada de estas doctrinas. Si queremos catalogarla dentro de las teorías del conocimiento, tendremos que aceptar su posición dogmática, pues llega a tener afirmaciones aún más rotundas que las de la mecánica clásica y, con la noción de una mecánica nueva, de un principio universal como es "el intervalo", puédesele considerar dentro de las doctrinas más afirmativas.

La Mecánica clásica estableció un principio del Relativismo conocido ampliamente. Galileo, lo mismo que Newton, admitieron, sin dejar de sustentar la noción de tiempo y espacio absolutos, que existía una verdadera imposibilidad de distinguir unos de otros los movimientos de traslación uniformes, la equivalencia de esas traslaciones y, por consiguiente, la imposibilidad de evidenciar una traslación absoluta.

Einstein, el creador de la Teoría de la Relatividad, da una solución a este principio relativista de la Ciencia clásica. Empieza por deshacerse provisionalmente de la hipótesis que afirma la existencia del éter y sigue, anulando la noción de simultaneidad. Interpreta la contracción a que se refiere Pitzgerald y Lorentz, al interpretar el experimento de Michelson, como meramente aparente, pues la contracción de ningún modo se debe al movimiento de los objetos con relación al éter, sino que es el efecto de los movimientos de los objetos y de los observadores, los unos con respecto a los otros; en una palabra, es la consecuencia de los movimientos relativos como se dijera en la antigua Mecánica.

La interpretación dada por Lorenz está apoyada en viejos conceptos clásicos, fundamentalmente en la hipótesis del éter. La solución de Einstein tiene un punto de partida completamente distinto, pues llega directamente a sostener, no la contracción siempre universal de los objetos con relación al éter, sino la diversidad, la relatividad del espacio, tomando en cuenta las diversas velocidades de los sistemas de traslación. Claramente se ve que Einstein va directamente a la formulación de una nueva concepción del tiempo y del espacio, desarrollando la teoría de la Relatividad restringida.

La dimensión encontrada en el experimento de Michelson depende de la velocidad de los cuerpos con relación al observador. Hay relatividad en el espacio. El elemento espacio, aislado del elemento tiempo, jamás podrá determinar la traslación absoluta de un objeto, por ejemplo la tierra.

¿No hay solución? Einstein prosigue y llega a afirmar que sí la hay. Está en la íntima compenetración del espacio y del tiempo, en la realización del "intervalo" llamado einsteinniano. Es la admirable concepción del Universo, de cuatro dimensiones debida a Minkowaky.

Cuál de las dos concepciones es más exacta?

¿La de la Mecánica clásica de Galileo y Newton ó la de la Teoría Mecánica de la Relatividad de Einstein?

Podemos afirmar que es la segunda.

Pero ahora, ¿cual es la relativista, tomando esta palabra dentro de la doctrina epistemológica del Relativismo? Ninguna de las dos. Las ideas de Newton y Einstein están completamente alejadas de las ideas sobre la Teoría del Conocimiento de Protágoras, Pirrón, Gorgias, Enesidemo, Sexto Empírico, James, Veihinger, Mach, Scheler, Spengler u Ortega y Gasset. Las dos son afirmativas, con mayores barreras y límites más estrechos, la primera, la clásica; con horizontes vastos, la de la Relatividad de Einstein.

Casa de campo de Einstein en Caputh, Alemania con su hijo mayor Hans Albert y su nieto Bernhard Caesar.
Centro de Archivo Shelby White y Leon Levy, Instituto de Estudios Superiores, Princeton, NJ. USA

DECIMA CUARTA CONFERENCIA.

EL OBJETIVISMO Y LA TEORIA DE LA RELATIVIDAD.

FORMULISMO U OBJETIVISMO.

La contraposición entre la tésis de Einstein y la de Newton nos lleva directamente al problema que trata de la naturaleza del espacio. Para comprender esta cuestión en sus propias raíces, es indispensable señalar, cuando menos, las características fundamentales de los pensamientos sobre el espacio que han tenido los más destacados filósofos y matemáticos.

TESIS PLATONICA.

La concepción de Platón, señala al espacio un lugar intermedio entre las Ideas y las Cosas. Las Ideas para Platón son las realidades últimas y las Cosas son las sombras de las mismas. El conocimiento de las primeras constituye la "episteme"; el conocimiento de las segundas la "doxa". El espacio comparte con las Ideas, el Ser Eterno e Inmutable; y así mismo tiene también caracteres comunes con las cosas, necesitando una justa determinación por medio de leyes. En el "Timeo", Platón nos dice expresamente: "así pues, se puede resumir con brevedad: que el ser, el espacio y el devenir existían ya antes del origen del mundo como tres especies separadas."

TESIS ARISTOTELICA.

Para Aristóteles, con una visión más realista de la Naturaleza, el espacio es lo que rodea y limita los cuerpos. Ya sabemos que la noción de espacio para este filósofo estuvo siempre ligado a una concepción realista e ingenua del Universo. La Tierra, ocupa el centro del Universo y todos los demás astros, impulsados por una fuerza interna o "ánima motrix", describen las más perfectas curvas.

TESIS MEDIOEVAL.

La Edad Media, con la exaltación más plena de los valores espirituales, afirmando un mundo interior en que radica no sólo la verdad, sino la Divinidad misma, llega a suponer al espacio como el elemento principal del mundo exterior, contingente y sin ninguna significación.

TESIS DEL RENACIMIENTO.

Sin embargo, en los principios de la nueva época, con la preponderancia de la Matemática y de los estudios de la naturaleza física, viose transformado el problema del espacio en una categoría de primer orden.

NICOLAS DE CUSA Y COPERNICO.

Nicolás de Cusa en el siglo XV señala al espacio el carácter infinito y ve al Universo sostenido dentro de este mismo concepto. Copérnico, con esa exaltación de una idea radical y transformadora, concibiendo a la Tierra como un simple astro, llega a formular una nueva imagen del Universo. El espacio, poblado de infinito número de sistemas estelares, tiene ese aspecto también de infinitud. Sería de una enorme enseñanza, buscar la importancia de las ideas de Copérnico en las concepciones del Universo.

GIORDANO BRUNO.

El pensamiento de Giordano Bruno, está también bastante cerca de estas consideraciones. Pero los que dan un aspecto más exacto a la idea del espacio, son indudablemente Kepler y Galileo.

KEPLER Y GALILEO.

En el siglo XVI, estos dos matemáticos y físicos, estudian las leyes que animan a los cuerpos estelares e investigan la naturaleza del espacio. Kepler encuentra que los planetas no describen círculos perfectos sino elipses; cree todavía en el "ánima motrix" de que hablara Aristóteles y preludia la admirable teoría que posteriormente sostuviera Newton y Galileo. Hace también grandes desarrollos tratando de reducir la llamada armonía de las esferas, al fino y sagaz análisis del cálculo matemático.

LEIBNIZ Y NEWTON.

Ya en el siglo XVII se presentan dos grandes genios que, elaborando las bases del Cálculo Infinitesimal, llegan también a sostener puntos básicos para las nuevas teorías del espacio.

Newton, como actualmente lo hace Einstein, formula una síntesis que servirá posteriormente para hacer más comprensible el comportamiento del Universo. La Ley de la atracción de las masas y de las caídas libres, armonizada con las leyes descubiertas por Kepler y con la amplísima de la inercia, llega a formular la estructura de la Física completamente remozada. Para Newton, el espacio es una magnitud absoluta e infinita. Su naturaleza se hace patente por el comportamiento de la fuerza centrífuga. El espacio es absoluto, real, inmóvil. En él, están contenidos todos los cuerpos y sus movimientos deben referirse al mismo. Es una realidad independiente de los cuerpos, de tal manera, que si éstos dejaran de existir, el espacio infinito absoluto, inmóvil, permanecería eternamente.

Leibniz, más profundo en sus concepciones matemáticas y filosóficas, más congruente en la fundamentación de su Cálculo Infinitesimal, llega a sostener que el espacio no es más que un esquema ordenador, sólo existe donde hay cosas y, en resumidas cuentas, no es más que una propiedad de la materia. El espacio y el tiempo son inmanentes a las cosas mismas. No pueden existir fuera de las cosas. El principio de razón suficiente, es el que debe aplicarse ampliamente a esta situación. Si no existiera ninguna cosa, no podría de ninguna manera existir tampoco el tiempo.

La doctrina de Leibniz nuevamente se hace valer en la Teoría de la Relatividad y vemos cómo se acepta la noción de que las cosas determinan el espacio y aún la forma de éste. Noción fundamental que Einstein desarrolla para internarnos dentro del campo de las Geometrías no-Euclidianas.

EL SUBJETIVISMO Y FORMALISMO DE KANT.

La doctrina de Kant es completamente diversa a las dos anteriores. Señalan un carácter subjetivo, tanto al espacio cuanto al tiempo. Para él, el espacio es un apriori, una forma de nuestra intuición. Por lo tanto, este Filósofo nos presenta una tercera solución al problema del espacio. La primera se encuentra en Newton, al sostener, dentro de un empirismo amplio, la infinitud y la independencia, con respecto a los cuerpos del espacio; la segunda, debida a Leibniz, basada en un racionalismo, llega a la conclusión de que los cuerpos determinan el espacio; y la tercera, señalada por Kant, considera al espacio como una de las formas de nuestro conocimiento.

El conocimiento para Kant tiene dos fuentes: las formas dadas por la inteligencia, que constituyen los apriori y los contenidos de la realidad. Con motivo de la experiencia, los apriori se manifiestan. No es posible que ellos existan antes de la experiencia. La forma del conocimiento está dada por el intelecto del hombre; el contenido por la realidad. - El intelecto transforma a la realidad al tratar de aprehenderla cognoscitivamente. Es, tomando una figura, una torre desde la cual a través de lentes, podemos contemplar la realidad exterior. Las lentes son los a-priori, que no nos entregan exactamente la realidad, pero que la hacen racional. Entre estas lentes existen el tiempo y el espacio. Intuiciones ampliamente investigadas y expuestas en la Estética Trascendental.

Para Kant, el espacio y el tiempo son formas de nuestra intuición; constituyen el modo y la manera como nosotros vemos y efectivamente debemos ver todas las cosas. El espacio es una forma de nuestro conocer y por lo tanto no pertenece al mundo exterior.

Esta doctrina nos lleva directamente a un subjetivismo que más tarde sirviera a Schopenhauer para formular su doctrina ya perfectamente contenida en el título de la obra: "El Mundo como Voluntad y como Representación".

LA FISICA ACTUAL FRENTE A ESAS POSICIONES.

Frente a estas tres doctrinas, la Física contemporánea acepta la aportada por Leibniz. Resulta hipotética la tésis de Newton, que sostiene la infinitud como uno de los caracteres del espacio. Su misma consideración absoluta también, es rechazada. Resulta ilusoria la consideración de Kant afirmada en un subjetivismo alejado completamente, no sólo de las tésis modernas filosóficas, sino de las doctrinas contemporáneas sobre la materia y los fenómenos físicos.

La Doctrina del Espacio en Leibniz se une íntimamente a las teorías de las Geometrías no-Euclidianas y a la consideración de la gravitación conforme a la tésis de la Relatividad y dan por síntesis una de las más vigorosas teorías científicas.

Tanto Leibniz como Newton y Kant, admitieron la existencia de un espacio infinitamente extenso, rectilíneo, homogéneo, euclidiano. Sin embargo, los doctrinarios de las nuevas geometrías proponen, como lo hemos visto, nuevas bases geométricas que modifican la idea del espacio.

En este nuevo campo de investigación, Gauss, Lobatchewskij y Bolyai, admiten la infinitud en el espacio; no así Riemann que sostiene un Universo no finito, en que todas las rectas se cortan por tener que retornar en sus caminos.

Las tres formas de Geometrías que se ofrecen, tienen los siguientes caracteres:

1a.-La de Gauss y Lobatschewskij que afirma: la hipótesis del ángulo agudo; suma de los ángulos de un triángulo inferior a 180 grados; infinito número de paralelas a una recta. Se le llama Geometría hiperbólica.

2a.-La de Euclides, que sostiene: Hipótesis del ángulo recto; suma de los ángulos de un triángulo igual a 180 grados; una única paralela a una recta. Se la llama geometría parabólica o euclidiana, y

3a.-La de Riemann, que se apoya en la hipótesis del ángulo obtuso; suma de los ángulos de un triángulo superior a 180 grados; ninguna paralela a una recta. Se denomina geometría elíptica (caso especial es la geometría esférica).

La existencia de estas geometrías nos lleva a destruir el concepto de realidad de la Geometría Euclidiana. Cambio radical en el campo lógico. Pero, la aplicación de estas Geometrías a la realidad, transforma también nuestra visión cósmica. La recta, deja de tener realización tal como la concibiera Euclides, Arquímedes, Grassmann y otros, y se convierte en la geodésica, íntimamente ligada a las curvaturas del espacio y a los campos gravitables del Universo.

La noción del espacio con la cuarta dimensión, la curvatura positiva según Riemann, o negativa según Lobatschewskij, la relatividad del espacio con respecto a los sistemas de traslación, nos llevan, no cabe duda, a nuevos dominios de conocimiento y a concepción absolutamente distinta de la realidad que nos envuelve.

Albert Einstein con su segunda esposa, Elsa Einstein. 1919-1936

CONFERENCIA DECIMA QUINTA.

EVOLUCION DEL CONCEPTO DE ESPACIO.

EL ESPACIO PARA NEWTON Y EINSTEIN.

¿Por qué para Newton el espacio es absoluto, libre de toda materia?

Es por una exigencia racional. Para salvar dificultades que se originan en la consideración de sistemas que se mueven unos con respecto a los otros, en forma acelerada o rotatoria. Expliquémonos.

El principio de inercia, la segunda ley newtoniana, la tercera ley de igualdad de acción y reacción; se mantienen invariantes frente a una transformación de Galileo. Las leyes de transformación de Galileo, se refieren a los valores que obtienen las diferentes coordenadas de los acontecimientos físicos, cuando se pasa de un sistema en reposo a otro que se mueve respecto al primero en la dirección del eje de la X, con una velocidad V constante.

Todos los experimentos mecánicos se verifican, lo mismo en el sistema en reposo que en los que se mueven rectilínea y uniformemente. De aquí sacamos la conclusión que dos observadores que se mueven en dos sistemas uniformes y rectilíneos, uno con relación a otro, no pueden reconocer nunca, por experimentos mecánicos; una velocidad absoluta de traslación rectilínea y uniforme. Esta es la base del principio de Relatividad clásica, que nos lleva a la imposibilidad de determinar el movimiento absoluto.

Las leyes antes mencionadas se conservan invariablemente en los dos sistemas que se desplazan uno con respecto al otro en una forma rectilínea y uniforme, sino acelerado o rotatorio, no permanecen invariantes las ecuaciones fundamentales de Newton. La ley de inercia ya no tiene validez ni tampoco las otras dos.

Newton tuvo que recurrir a la hipótesis de un espacio absoluto. Un sistema espacial que se conservara siempre igual e inmóvil. Un espacio vacío de toda materia.

¿Realmente existe este espacio? ¿Se identifica con el éter? ¿Se puede hacer patente el movimiento de la tierra por ejemplo, con respecto al éter?

Estas dudas planteadas desde el tiempo de Newton dieron lugar al famoso experimento de Michelson. Sus resultados fueron absolutamente negativos, llevando por consiguiente un principio de anarquía en el campo de la Física. No podía determinarse la velocidad de la Tierra con respecto al éter, es decir, la llamada velocidad absoluta.

La crisis de la concepción del espacio absoluto de Newton era evidente.

¿Por qué una nueva teoría del espacio dada por Einstein resuelve el problema físico?

. Para Einstein, el defecto estaba en la consideración del espacio. No existe ningún sistema privilegiado, ya no digamos para fenómenos mecánicos, ni siquiera los ópticos, ni los electro-magnéticos.

Para terminar con esta dificultad, débese formular matemáticamente la condición de que la velocidad de la luz es una invariante; no tiene ningún cambio cualquiera que sea el sistema de traslación rectilínea y uniforme.

La referencia de un sistema a otro sistema, donde la luz conserva siempre su invariancia, se resuelve, en cuanto a sus determinaciones, satisfaciendo las fórmulas de transformación de Lorentz:

$$x' = \frac{1}{\infty}(x - vt)$$
$$y' = y$$
$$z' = z$$
$$t = \frac{1}{\infty}\left[t - \frac{vx}{c^2}\right]$$

ó

$$x = \frac{1}{\infty}(x' + vt')$$
$$y = y'$$
$$z = z'$$
$$t = \frac{1}{\infty}\left[t' + \frac{vx'}{c^2}\right]$$

De aquí que se verifiquen cambios en el espacio y en el tiempo, mientras permanece invariante la velocidad de la luz.

No hay tiempo absoluto. No hay espacio absoluto.

"Tiempo y espacio independientemente considerados, son sombras; sólo una especie entre los mismos conserva todavía su personalidad".

El espacio está íntimamente ligado al tiempo. El Universo es de cuatro dimensiones. El problema no radica en saber cual es la naturaleza del espacio, sino cual es la naturaleza del intervalo de cuatro dimensiones: reunión de tiempo y espacio. Nadie preguntaría actualmente, para darse cuenta de lo que es un cuerpo, únicamente por dos dimensiones. Así también es imposible desligar el tiempo y el espacio.

Las leyes del Universo permanecen inalterables si las referimos a los sistemas de traslación en totalidades que comprenden el espacio y el tiempo. Este hecho nos lleva a una novísima idea de naturaleza ontológica y epistemológica.

El problema que el momento actual debe preponerse, no sólo en el campo de la Física, sino de la Filosofía, debe ser la investigación unitaria del tiempo y del espacio.

No tiene sentido alguno la preguntas: Qué es el espacio? Tampoco lo tiene: Qué es el tiempo? Transformación radical que nos conduce a nuevas interpretaciones en lo que respecta a la concepción del Universo.

Universo mejor sintetizado. Unidad admirable dentro de una diversidad aparente. Realización de propósitos totalizadores no sólo en el campo de lo físico, sino también en el de la cultura.

Qué es el tiempo-espacio? Única pregunta que tiene sentido. Única cuestión que entraña una solución satisfactoria.

Interesante labor la que de una manera amplísima pudiera resumir todos los conceptos que acerca del espacio, se han dado y las doctrinas que acerca del tiempo han sido elaboradas a través de las mentes privilegiadas de Agustín, Brentano, Bergson y Husserl. Aún más. La doctrina del tiempo debe recordar la admirable elaboración de Heidegger que señala en su obra "Zeit und Sein", el preludio de una mejor comprensión de la existencia.

Albert Einstein
Fotógrafo desconocido.
Centro de Archivo Shelby White y Leon Levy.
Instituto de Estudios Superiores, Princeton, NJ. USA

TEMAS Y TESIS SOBRE LOS CAPITULOS ANTERIORES.

PRIMER CAPITULO.

Temas:

La Ley Científica para la tesis aristotélica. -Caracteres tradicionales de la ley científica. -Sobre la ciencia, las opiniones de Aristóteles, Bacon, Mill y Rickert. -La ciencia y la conceptuación individualizadora. -Opiniones de Rickert, Windelbandt, Spengler y Frobenius sobre los caracteres universales y científicos de la Historia. -La Naturaleza y la Ciencia. -Contingencia en el campo de las leyes científico-naturales. -Opiniones de Boutroux y Bergson, sobre la contingencia de las leyes. -Cualidad de la ley científica para el pragmatismo de James. -Necesidad o contingencia, sus doctrinas a través de la filosofía.

SEGUNDO CAPITULO.

Temas:

Las leyes eidéticas y su universalidad. -Estudio de los caracteres científicos de los axiomas, teoremas y leyes matemáticos. -Opinión sobre la naturaleza de los objetos matemáticos en la doctrina fenomenológica de Edmundo Husserl. -Los objetos matemáticos para la nueva Ontología. -La objetividad de los elementos ideales-matemáticos. -Relaciones entre el mundo eidético y el mundo fáctico. -El problema de las substancias. -Soluciones a esta relación en las filosofías de Spinoza, Leibniz, Rickert y Husserl. -Irreductibilidad de ambos mundos. -La Relatividad colocada en el campo exclusivamente fáctico. -Cómo encontrar una nueva matemática. -Hágase un ensayo sobre una matemática de lo contingente, aprovechando la teoría de las probabilidades, la estadística y los análisis de aproximación. -La doctrina de las probabilidades. -La estadística y sus funciones en el campo estrictamente físico. -La incertidumbre y la probabilidad en la nueva matemática. -La particularidad en la nueva matemática. -Interpretación de los hechos físicos en esta nueva matemática.

CAPITULO TERCERO.

Temas:

Principales hipótesis en el campo de las ciencias naturales. -Falsa comprobación de las hipótesis físicas. -La experimentación y las hipótesis. -Papel epistemológico de las hipótesis. -Leyes e hipótesis. -Caracteres del espacio y del tiempo para la física tradicional. -Fundamentos para afirmar el carácter de infinitud para el tiempo y el espacio. -Ideas de infinitud en la filosofía y en la ciencia, desde los sistemas griegos hasta el presente. -La forma fuera de la materia. -La materia y la forma en las doctrinas de Aristóteles y Liebniz. -A espacios diferentes corresponden geometrías diferentes?. -Existen geometrías sin cuerpos?. -Controversia de Leibniz y Newton sobre la materia, el espacio y la geometría.

CUARTO CAPITULO.

Temas:

Inconfirmación de las matemáticas tradicionales. -La física-Estadística de Fermí. -La física de las quanta. -La indeterminación ontológica. -El proceso dialéctico en el campo físico. -Dialéctica e incertidumbre. -El principio de incertidumbre formulado por Heisenberg para la física. -Estudio de la física-estadística, el principio de incertidumbre y la doctrina de las probabilidades en el campo de la materia. -Relaciones de indeterminaciones fácticas. -La Relatividad y la doctrina Quántica, frente al principio de indeterminación.

QUINTO CAPITULO.

Temas:

Caracteres generales de la geometría euclidea. -Relaciones entre la Geometría euclidiana y los principios filosóficos en el Oriente. -El Quinto postulado euclidiano y su relación lógica con los demás postulados, axiomas y teoremas. -El axioma matemático es demostrable? -El quinto postulado euclidiano es axioma? -El parómetro y su importancia en la geometría actual. Ideas del paralelismo para Euclides, Arquímedes, Proclo, Newton, Leibniz y Einstein.

SEXTO CAPITULO.

Temas:

Geometrías no-euclidianas. -Principales geometrías no arquimédicas. -Estudio de las diferencias entre los postulados, los teoremas y los axiomas de las geometrías euclidia y no-euclidianas. -Desarrollo dialéctico de estas geometrías. -Las geometrías no-euclidianas y la tésis dialéctica de Hegel.

SEPTIMO CAPITULO.

Temas:

El Universo es curvo? -Que se entiende por curvatura en las nuevas geometrías? -La materia condiciona la forma del Universo? -La doctrina de Leibniz en lo que respecta a la forma del Universo en relación a la materia. -Controversia de Leibniz y Clarke sobre la materia y la forma. -Cómo aprovecha Einstein la doctrina de Leibniz? -La doctrina del Campo como unificación superior en la elaboración física de Einstein.

-El Universo y las cuatro dimensiones. -Ideas de la cuarta dimensión en los filósofos y científicos tradicionales.

OCTAVO CAPITULO.

Temas:

Relación entre el espacio y el tiempo. -Origen de la idea sobre la cuarta dimensión. -Espacios de n dimensiones. -Estudio de las relaciones entre el espacio y el tiempo a través de los sistemas filosóficos. -El espacio y el tiempo para Agustín Hipona, Descartes, Kant, Husserl. -Nuestro espacio es de cuatro dimensiones?. -Con el descubrimiento de los rayos energético-magnéticos se descubrirán nuevas dimensiones para nuestro Universo?

NOVENO CAPITULO.

Temas:

La gravedad y la materia. -La gravedad en los sistemas físicos tradicionales. -La unificación de la gravedad y las fuerzas inherentes a la materia. -Propiedades energéticas de la materia y de la gravedad. -Qué es línea recta?. -Doctrinas sobre la línea recta entre los griegos, medioevales, renacentistas y contemporáneos. -La geodésica y la línea recta en relación con la forma del Universo.

DECIMO CAPITULO.

Temas:

Estudio de los procedimientos para determinar el espacio y el tiempo en la astronomía clásica. -Nuevos aspectos de la astronomía, tomando en cuenta el Universo de cuatro dimensiones. -Cálculos necesarios para esta nueva estimación. -La geodésica en astronomía contemporánea. -Relaciones entre la geometría descriptiva y el espacio de n dimensiones.

CAPITULO ONCEAVO.

Temas:

La filosofía y sus relaciones con la ciencia. -La lógica y la epistemología. -Los fundamentos filosóficos de la ciencia. -La concepción del Universo y la ciencia. -Los diversos conceptos. -Realismo e idealismo en la filosofía. -Historia de estas direcciones y su íntima compenetración. -Importancia del realismo en las ciencias físicas. -Importancia del idealismo en las ciencias físicas. -Proceso dialéctico de las ciencias naturales y su fundamentación filosófica.

CAPITULO DOCEAVO.

Temas:

La experimentación, base de la ciencia. -La experiencia trascendente en la filosofía. -La experiencia común y corriente de las ciencias físicas. -¿Existe la simultaneidad? -Transformaciones conceptuales en la filosofía con la negación de la simultaneidad. -La simultaneidad y la causalidad. -La simultaneidad y la mecánica contemporánea. -Evolucionismo, dialectismo y simultaneidad.

CAPITULO DECIMO-TERCERO.

Temas:

Principales doctrinas relativistas. -El relativismo de Protágoras. -El relativismo en el pragmatismo. -El relativismo en la filosofía de

Vaihinger. -El relativismo Spengleriano. -El relativismo en la doctrina de Scheller. -El relativismo frente al dogmatismo. -Las tesis de Newton y Einstein alejadas del relativismo.- El intervalo einsteiniano como tesis absoluta en toda la física moderna. -Fundamentos de un absolutismo en el campo físico. -El perspectivismo y la teoría de la Relatividad.

CAPITULO DECIMO-CUARTO.

Temas:

El formalismo kantiano. -La tesis objetivista en la filosofía contemporánea. -Campo del objetivismo en las doctrinas de Platón, Aristóteles, Copérnico, Galileo, Leibniz, Newton y Einstein. -El formalismo y Leibniz: el formalismo en el kantismo y la doctrina objetivista de Scheller y Husserl. -La teoría de la relatividad frente al formalismo y al objetivismo.

CAPITULO DECIMO-QUINTO.

Temas:

El espacio para el griego. -El espacio para el medioeval. El espacio para el renacentista. -El espacio para el hombre contemporáneo. -El mismo tema histórico en lo que respecta al tiempo. -Fuentes de interpretación filosófica del espacio y del tiempo. -Conocimiento del espacio. -Conocimiento del tiempo. -Diversas interpretaciones del espacio en doctrinas orientales y occidentales. -Bases de un espacio n dimensional.

Albert Einstein y lógico Kurt Gödel quien también fue maestro del Instituto de la Escuela de estudios avanzados de Matemáticas en Princeton, NJ.
Fotógrafo Oskar Morgenstern
Centro de Archivo Shelby White y Leon Levy.
Instituto de Estudios Superiores, Princeton, NJ. USA

BIBLIOGRAFIA.

I.-Obras generales de la Teoría.

A. Einstein.- "Ueber die spezielle und die allgemeine Relativitatstheorie".
Traducciones inglesa, francesa, italiana y española. (Por Lorente de No.)

M. Schlick.- "Raum und Zeit in der gegenwartigen Physík".
Traducciones inglesa y española. (Por M. G. Morente).

H. Reichenbach.- "Relativitatstheorie und Erkenntnis a priori".

E. Borel.- "L'Espace et le Temps".

G. Mie.- "Die Einsteinsche Gravitationstheorie".
Traducción francesa.

M. Born.- "Die Relativitatstheorie Einsteins und ihre physikalischen Grundlagen".
Traducción española de M. G. Morente.

E. Freundlich.- "Die Grundlagen der Einsteinsche Gravitations Theorie".
Traducciones inglesa y española. (Por J. M. Plans).

L. G. Du Pasquier.- "Le principe de la Relativité et les théories de Einstein".

E. Cunningham.-	"Relativity and the Electron Theory".
A. S. Eddington.-	"Space, Times and Gravitation". Traducciones francesa y española. (Por J. M. Plans).
A. N. Whitehead.-	"The principes of Natural Knowledge". "The concep of Nature".
A. A. Robb.-	"The absolute relations of Times and Space".
Milhaud.-	"La géométrie non-euclidienne et la théorie de la connaissance. Rev. philosoph, XXV, l888.
Poincaré.-	"Les géométries non-euclidiennes. Rev. gén. des Sciences, II, 1891.
De Broglie.-	"La géométrie non-euclidienne. Ann, de philosophie chrét, avril et juillet 1890.
Delaporte.-	"Géométries non Euclidiennes".
Schlegel.-	"Sur le développement et l'état actual de la géométrie á n dimensions. L'Einseignement mathématique, II, mars 1900.
Poincaré.-	"Science et hypothése. Paris, Flammarion, 1902.
Renouvier.-	"Philosophie de la Régle et du Compas. L'Année philosophique, II, 1891.

Calinon.-	"Les Espaces géométrique. Revue philosophique juin 1889.
Delboeuf.-	"L'ancienne et les nóuvelles géométries. Revue philosophique. t. XXXVI, 1893.
Léchalas.-	"La courbure et la distance en géométrie générale. Revue de métaph. et de morale.1896.
García de Mendoza.-	Lógica. Primer tomo.

II.- Relatividad restringida.

Lorentz.-	"The Theory of Electrons".
M. B. Weinstein.-	"Die Physik der bewegten Materie und die Relativitas theorie".
J. M. Plans.-	"Mecánica relativista".
R. C. Tolman.-	"The theory of the Relativity of Motion".
E. Cunningham.-	"The Principe of the Relativity".
Silberstein.-	"The Theory of Relativity".
M. V. Lauf.-	"Die Relativitatstheorie" (Tomo I).
A. A. Robb.-	"Theory of Time and Space".

III.- Relatividad generalizada.

G. Juvet.- "Introduction au lacul tensoriel et au calcul differentiel absolu".

A. Einstein.- "Die Grundlage der allgemeine Relativitatstheorie".

A. Einstein.- "Vier Verlesungen "uber Relativitastheorie. Traducción inglesa.

A. S. Eddington.- "Segunda parte de la traducción francesa de Space, Times and Gravitation".

A. Kopff.- "Grundzüge der Einsteinschen Relativitätstheorie".- Traducciones inglesa e italiana.

R. Marcolongo.- "Relativitá".

J. Becquerel.- "Le Principe de Relativité et la Theorie de la Gravitation".

M. v. Laue.- "Die Relativitätstheorie" (Tomo II).

H. Weyl.- "Raum-Zeit-Materie". Traducciones francesa e inglesa.

W. Pauli.- "Relativitätstheorie".

A. N. Whitehead".- "The Principe of Relativity whit applications to Physical Science".

B. Riemann".- "Uber die Hypothesen, welche der Geometrie zu Grunde liegen".- Anotada por H. Weyll.

IV.- Fuentes de la Teoría.

Saccheri.- Euclides ab ommi naevo vindicatus, sive Conatus Geometricus quo stabiliuntur prima ipsa universae Geometriae principia. Milan, 1733. (Uno de los únicos ejemplares de esta obra fue consultada en la Biblioteca Nacional de París).

Bolyai W.- Testament juventutem studiosam in elementa matheseos ... introducendi ... Maros-Vásárhely, 1832.

Bolyai J.- Appendix scientiam spatt absolute veram exhibens: a veritate aut falsitate Axiomatis XI Euclidi. (a priori haud unquam decidenda) independentem; adjecta ad casum falsitatis, quadratura circuli geometrica.

Lobatschewskij.- Geometrische Untersuchungen zur Theorie de Parallellinien. Berlín, l840.

Pangéométrie ou Précis de géométrie fondé sur une théorie générale et rigoureuse des paralléles. Kazán, 1855.

Riemann.- Ueber die Hypothesen welche der Geometrie zu Grunde liegen. Leipzig, 1892.

Engel. F.	Gauss, die beiden Bolyai und die nicht-euklidische.- 1897.
A. Einstein.-	Geometrie und Erfahrung. AEther und Relatitatstheorie.
Klein.-	Nicht.- Euklidschen Geometrie. 1893.
	Ueber die Sogenannte Nicht-Euklidische Geometrie. 1871.
De Tilly.-	Essai sur les principes fondamentaux de la géométrie et de la mécanique. 1880.
Beltrami.-	Saggio di interpretatione della Geometria non euclidea, Giornale di matematische", VI, 1868. Teoria fundamentale degli Spazi di curvatura constante".- En traducción francesa por J. Hoüel. Essai d'interpretation de la géometrie non euclidienne". Annales de l'Ecole normale supérieure, IV, 1869. Théorie fondamentale des espaces á courbure constante, Id., VI, 1869.
Tannery.-	La géométrie imaginaire et la notion d'espace. Rev. philosoph., II et III, 1877-1878.
A. Einstein.-	"Geometrie und Erfahrung. AEther und Relativitätstheorie".- Traducciones inglesa, francesa e italiana.
J. A. Maten.-	"La Teoría de la Relatividad".

Minkowski.-	"Raun und Zeit, 1908.
Becquerel.-	"Le principe de relativité et la théorie de la gravitation.
Weyl.-	"Raum, Zeit Materie. -1921-
Eddington.-	"Report on the relativity theory of gravitation (1920).
Eddington.-	"Espace, temps et gravitation (1921).
P. Langevini.-	"L'évolution de l'espace et du temps. (1911).
De Sitter.-	"On Einstein theory of Gravitation, and its astronomical consequences. Monthly notices. 1916.

Segun lo afirman algunas personas, es la casa de Albert Einstein en Berlin.
Fotógrafo desconocido
Centro de Archivo Shelby White y Leon Levy.
Instituto de Estudios Superiores. Princeton, NJ. USA

ALBERT EINSTEIN
Cumple Setenta Años

Conferencias transmitidas por radio México del
Sr. Dr. Adalberto García de Mendoza
México 1949

Siete Conferencias:

I. Albert Einstein cumple setenta años 133
II. Albert Einstein frente a la libertad de expresión 137
III. Cumple setenta años Albert Einstein...141
IV. Un gran sabio cumple setenta años 145
V. Por el mundo de la cultura 149
VI. Albert Einstein a los setenta años 152
VII. Albert Einstein y el mundo de la paz 157

I
ALBERT EINSTEIN CUMPLE SETENTA AÑOS

El año pasado, Albert Einstein llegó a la edad de setenta años. Es una fecha significativa porque se refiere a uno de los genios más preclaros que ha tenido la humanidad. Allá en lejanos tiempos hubo hombres de la misma talla: Copérnico, Kepler, Galileo, Newton. Estos pueden corresponder a la altura intelectual del sabio contemporáneo, y ya con esto decimos una realidad de enorme trascendencia para los estudiosos, los jóvenes, y todos los que formamos la presente generación.

Albert Einstein nació el 14 de marzo de 1879 en Alemania. No fue un niño prodigio. Logró su licenciatura con dificultad y desempeñó un pobre empleo en una oficina suiza de patentes. Pero en el año de 1905, fue para él "*annus mirabilis*". Tenía 26 años y publicó un escrito sobre la Relatividad que habría de revolucionar toda la física y la concepción que el hombre tiene del universo. No sólo tenía importancia este descubrimiento para la ciencia, sino también para la propia estimación del hombre frente al cosmos. De ahí en adelante la producción de Einstein va a ser de una trascendencia formidable. Aportaciones más amplias sobre la teoría de la Relatividad y sobre la tesis de los *quanta* relacionada con la propagación de la luz; señala una comprensión amplísima para descubrir el por qué de las últimas conquistas sobre la materia.

Con motivo de su cumpleaños se pronunciaron tres grandes discursos en París: el primero fue del profesor Niels Bohr de Dinamarca, sabio que recibiera de Premio Nobel en 1922, un año después de Einstein; el segundo del notable matemático francés profesor Jacques Hadamard; y el último del famoso hombre de ciencia americano y educador Dr. Arthur Compton. Nos vamos a referir a estos tres discursos porque llevan a la mejor comprensión sobre la importancia de la obra de Albert Einstein en nuestro siglo, en nuestra cultura y para el porvenir de la civilización.

Niels Bohr considera a Albert Einstein como el hombre internacional. Es la cumbre en esa serie de grandes innovadores del saber humano. El afán del progreso, que es innato en el hombre, se manifestó desde las civilizaciones en Mesopotamia, Egipto, India, China, hasta las comunidades libres de Grecia. Las artes y la ciencia alcanzaron desarrollo sin par. Durante el Renacimiento, cuando quiso florecer de nuevo la cultura clásica en todos sus aspectos, hubo intercambios constantes y fructuosos entre los que realizaban trabajos científicos en Europa. Los nombres de Copérnico, Tito-Brahe, Keplero, Galileo, Descartes, Pascal, Huygens, son testimonios de esa alta mentalidad de esa época histórica que fundamenta la ciencia contemporánea. La cima de esta pirámide corresponde a Isaac Newton.

En esa época de Newton, el desarrollo de la física vino a ejercer gran influencia sobre el pensamiento humano. Consistía esencialmente en el conocimiento de la descripción racional de los fenómenos mecánicos, que se basaban en principios definidos. Conocimiento de índole intelectual sobre el movimiento de los astros, la gravitación universal y muchos fenómenos más en el mundo de la materia. Sin embargo, no hay que olvidar que la noción de espacio y de tiempo absolutos, formaba parte integrante de la obra de Newton, es decir, se suponía que el espacio era único e infinito, y lo propio se establecía para el tiempo.

Al llegar la evolución científica a nuestros días, Einstein echó los cimientos de un nuevo desarrollo sobre las bases del entendimiento y de la intuición. El camino que conducía a este punto decisivo había sido marcado por el desarrollo de los trabajos sobre los fenómenos electromagnéticos durante el siglo XIX. Los nombres de sabios de Volta, Oersted, Faraday, Maxwell, Hertz, Lorentz y Michelson afirman esta tesis; pero había dificultades y paradojas en la ciencia de la física que tenían por causa la noción acertada de un espacio-tiempo absoluto. Einstein es el que abre nuevas perspectivas. Cambia por completo la manera de plantear el problema, explora la base misma de la descripción de nuestra experiencia. Y llega al concepto de que la simultaneidad de acontecimientos desarrollados en lugares diferentes es relativa. La descripción de los fenómenos depende especialmente del movimiento del observador.

Esto da lugar a una tesis que trata de renovar los conceptos de tiempo y del espacio y, por ende, la estructura del universo.

En el curso de los años siguientes Einstein logra un punto de vista lo suficientemente amplio como para incluir los fenómenos de gravitación. Lo consigue, comparando las experiencias de diferentes observadores en movimientos acelerados y relacionados entre sí.

Todo esto hace que nazca una nueva actitud frente a los problemas de la cosmología y en la investigación de la estructura del universo.

Es de tal manera importante esta revolución, que sin ella sería casi un imposible el haber llegado a las últimas conquistas de la ciencia en lo que llamaríamos la liberación de la energía nuclear que se confirma con la portentosa fuerza de la llamada bomba atómica.

Einstein no sólo lleva esta aportación al dominio científico, sino que se presta como un realizador de los ideales más altos del hombre: el anhelo de la paz, el forjador de una nueva educación sobre la base del trabajo honesto, noble y generoso y el goce de las más pulidas manifestaciones artísticas.

Albert Einstein
Fotógrafo desconocido
Centro de Archivo Shelby White y Leon Levy.
Instituto de Estudios Superiores, Princeton, NJ. USA

II

ALBERT EINSTEIN FRENTE A LA LIBERTAD DE EXPRESIÓN

Para conmemorar el cumpleaños de ese singular matemático y astrónomo que ha revolucionado tanto en la ciencia contemporánea, es muy justo saber ahora su opinión sobre la libertad de enseñanza. En una carta a un ministro italiano, el señor Rocco, el sabio expresa los siguientes conceptos:

"Dos de los hombres más importantes y más considerados de la ciencia italiana se dirigen a mí, en la turbación de sus conciencias, y me ruegan que le escriba a Ud. a fin de evitar, en lo posible, ese cruel rigor que amenaza a los sabios italianos. Se trata de una fórmula de juramento por la cual se debe ofrecer fidelidad al régimen fascista".

"Por diferentes que puedan ser nuestras condiciones políticas, sé que hay un punto fundamental que me une a Ud.: ambos vemos y amamos, en el florecimiento del desarrollo intelectual europea, nuestros más preciosos bienes. Estos descansan en la LIBERTAD DE OPINIONES Y DE ENSEÑANZA, en el principio de que el esfuerzo hacia la verdad debe prevalecer sobre todo este esfuerzo".

"Únicamente sobre esta base, nuestra civilización ha podido nacer en Grecia y celebrar su reaparición en Italia en la época del Renacimiento".

Estas simples palabras no mueven a meditar sobre la importancia que debe tener la libertad en el campo de la enseñanza, en el campo de la opinión: siempre que se oriente a un sendero esfuerzo hacia la verdad. No cabe duda de que este principio es el que debe alentar a todas las Universidades y a todos los centros de enseñanza. Los esfuerzos de los hombres de bien, encausadores de las conquistas en el campo de la Ciencia, jamás deben ser obstrucciones por el vano pretexto de una ideología que debe imperar como ama, como dictadora de todas las conciencias. Es claro que esta libertad debe ser sentida en cuanto tiene responsabilidades, es el baluarte de una obra de bien y de verdad, es el producto de una sana conciencia que sabe del respeto a los valores de la cultura y estima su propia libertad como patrimonio común a todos los hombres.

Cuando Einstein menciona esta base de libertad en la enseñanza y ela opinión, intencionalmente se refiere a la época de la cultura griega y al intento humanista en la Italia del Renacimiento. La primera señala, una de las más florecientes edades en que los hombres celebran los "Banquetes" más exquisitos del pensamiento, lo mismo para hablar sobre el amor que para votar en el Ágora, lo propio para llevar el drama, las pasiones y las tragedias más desbordantes de dioses y de hombres que para pronunciar las más delicadas poesías líricas. En igual medida para presentar los más atrevidos sistemas filosóficos que para deleitarse en las exclamaciones más fervorosas hacia la madre naturaleza. Un mundo en que los nombres de Platón, Aristóteles, Aristófanes, Sócrates, Teócrito, Píndaro, Herodoto, Esquilo, Sófocles, Eurípides y tantos más, son universo de ideas que muchas veces unas a otras se contradicen pero que saben tener el pulimento de la belleza, el acercamiento a la verdad, y sobre todo la manifestación más patente de la libertad.

¿Y qué podría decirse de la Italia del Renacimiento? Ese mundo que trata de ser humanista y en donde también claros intelectos van desafiando los prejuicios para alzarlos nuevamente al sagrado principio de la libertad.

Einstein, en esta bella cara, continúa diciendo:

"Este grandísimo bien ha sido pagado con la sangre de mártires, de hombres grandes y puros: gracias a ellos la Italia contemporánea es aún amada y honrada. El esfuerzo hacia la verdad científica, desprendido de los intereses prácticos de todos los días, debería ser sagrado para toda autoridad pública, y para todos es del más alto interés que los leales servidores de la verdad, sean dejados en paz. Esto es, por cierto, igualmente del interés del Estado Italiano y de su prestigio en el mundo".

Opiniones de la razón más alta que desgraciadamente no fueron oídas y que la Historia se encargó de castigar con toda justicia.

La vida a través de la Historia es ciertamente una conquista de la libertad. Con esta visión, que corresponde a un idealismo superior, y que nos recuerda las estructuras conceptuales más altas de Hegel y últimamente de Croce: siempre hemos creído que la libertad de cátedra en la enseñanza hace a los hombres fuertes y dignos de su papel en los campos de la ciencia, del arte y de la filosofía.

Albert Einstein de pie enfrente de su casa, en la calle Mercer en New Jersey, Princeton.
Según afirma en su libro "EINSTEIN COMO LO CONOCI" el fotógrafo Alan Rchards dice que esta fotografía fue tomada en la ocasión de su 70 aniversario.
Fotógrafo Alan Richards. Centro de Archivo Shelby White y Leon Levy. Instituto de Estudios Superiores, Princeton, NJ. USA

III

CUMPLE SETENTA AÑOS ALBERT EINSTEIN

Las conferencias en torno a la gran personalidad de Albert Einstein, físico y matemático de la talla de Isaac Newton, se han singularizado por presentar los caracteres espirituales de este singular genio en varios de sus aspectos.

Ahora queremos transmitir a nuestros queridos radioescuchas un punto que es fundamental para la comprensión de los hombres y para la estabilización de la paz. Este está contenido en sus ideas acerca del régimen dictatorial en contraposición con la visión cósmica del sabio que en sus anhelos y en su comprensión lleva siempre la más amplia libertad y el más puro asombro.

Dice Einstein:

> "Cuando pienso en la paz que debe reinar en el mundo, viene a mí la idea de la peor de las creaciones, la de las masas armadas que tienen por finalidad, no la libertad de los pueblos, sino la esclavitud de las naciones débiles, masas armadas que aborrezco. Desprecio profundamente al que puede con placer, marchar en filas y formaciones, detrás de una música, sólo por error puede haber recibido un cerebro; una médula espinal le bastaría. Se debería, tan rápidamente como fuera posible, hacer desaparecer esta vergüenza de la civilización".

> "El heroísmo por mandato, las vías de hecho estúpidas, el odioso espíritu de soberbia que cree que una nación es superior a las otras. ¡Cuánto aborrezco todo esto! ¡Cuán indigna y despreciable me parece la guerra! La guerra de dominación. ¡Preferiría dejarme despedazar a participar en un acto tan miserable!"

Este pensamiento responde a la emoción que tenía Einstein antes de esas atrocidades que el Nazismo realizara en el mundo y sobre el pueblo judío. Pero también es cierto que Einstein nos habla de la guerra inicua que va sobre los pueblos débiles para conquista de poder en una ambición desenfrenada.

Si él aborrece la guerra y a los grupos mecanizados, en cambio se le ve profundamente emocionado cuando se refiere al orden del Universo que se sujeta a la más sublime jerarquía matemática y física.

Así nos dice:

"La más hermosa cosa que podemos experimentar en el aspecto misterioso de la vida, es el sentimiento profundo que se encuentra en la cuna del arte y de la ciencia verdadera. El que no puede experimentar ni asombro ni sorpresa es, por decirlo así, muerto: sus ojos están apagados. La impresión de los misteriosos, aún mezclados de temor, ha creado también la religión. Saber que existe algo que nos es impenetrable, conocer las manifestaciones del entendimiento más profundo y de la más sorprendente belleza, que nos son accesibles a nuestra razón sino en sus formas más primitivas, este conocimiento y este sentimiento, e ahí lo que constituye la verdadera devoción: en este sentido, y solamente en este sentido, me encuentro entre los hombres más profundamente religiosos".

Se refiere Einstein a ese sublime sentimiento que el científico, el filósofo y el artista siempre han tenido ante el misterio de la vida y ante la impenetrable incógnita del Universo. Y quién más podría decir esto que el que ha descifrado la mayor parte de las leyes físicas y las ha sabido compendiar en armoniosas fórmulas matemáticas y pretende si aún, llegar al límite de la simplicidad reduciendo, si es posible, en una sola fórmula, todo ese infinito mundo de las fuerzas estelares, las energías del átomo, las ondas que circulan por los universos en una coordinación asombrosa de tiempos, espacios y velocidades.

Pero cabe aún reflexionar en la valentía de este hombre de ciencia frente al misterio de la muerte cuando expresa:

"No quiero ni puedo imaginarme un individuo que sobreviva a su mente corporal. ¡Qué almas más débiles, por miedo o por egoísmo ridículo, se alimentan de semejantes ideas! Me basta imaginar el sentimiento del misterio de la eternidad de la vida, tener la conciencia y el presentimiento de la admirable construcción de todo lo que es, luchar activamente por coger una partícula, por mínima que sea, de la razón que se manifiesta en la naturaleza"

Con cuánta razón se dice que cuando Einstein estuvo frente a Rabindranath Tagore, ese místico del Oriente, que hace poco falleciera, no se pronunciaron ni una sola palabra ambos genios, y cada quien se retiró concentrado en su propio pensamiento.

Tal vez Tagore fue diciendo aquel pensamiento que encontramos en el "Tránsito" y que dice:

"De noche, cuando el ruido se ha cansado, el aire se llena con el murmullo del mar; y los afanes vagabundos del día vuelven a su descanso, alrededor de la lámpara encendida".

"El juego el amor se serena hasta ser adoración; se abisma la corriente del vivir; y el mundo de las formas viene a su nido, que está en la belleza que sobrepasa toda forma".

....

"Recoge del polvo esta vida mía; ponla bajo tus pies, en la palma de tu mano".

"Álzala a la luz, escóndela en la sombra de la muerte; guárdala en el joyero de la noche, con tus estrellas; y, a la mañana, que se encuentra así misma, entre las flores que se abren para adorarte".

Tal vez Einstein fue pensando en la interpretación del Universo al amparo de una sola fórmula matemática. ¡Qué abismos tan insondables entre dos almas de tan alta y suprema espiritualidad!

Albert Einstein recibe la Medalla "Max Planck"
En el año de inauguración, Albert Einstein recibe la Medalla Max Planck DPG (Sociedad de Física Alemana) en Berlin. Max Planck, quien fue el otro recipiente de la medalla el mismo año, le presenta la medalla a Einstein. Fotógrafo desconocido. Centro de Archivo Shelby White y Leon Levy. Instituto de Estudios Superiores. Princeton, NJ. USA

IV

UN GRAN SABIO CUMPLE SETENTA AÑOS

Al cumplir Albert Einstein los setenta años, la humanidad lo debe conocer en todos los aspectos porque señala un faro luminoso en el campo de la cultura contemporánea. En las escuelas superiores y en las Universidades, empleando las matemáticas más altas desde hace varios años se está exponiendo la Teoría de la Relatividad así como la Teoría del Campo con toda minuciosidad. Estos desarrollos son difíciles y ofrecen los cálculos más complicados.

Pero Einstein es también un portaestandarte de la paz, y sus opiniones sobre este particular ofrecen interés porque muestran un aspecto humanista en quien ha descifrarse, nada menos, que el poder de la desintegración de la materia.

Ahora Einstein nos va a hablar a cerca de su concepto sobre la Ciencia y la Religión y es su opinión de una importancia capital.

Se pregunta así mismo Einstein: ¿Cuáles son pues las necesidades y los sentimientos que han conducido al hombre a la idea religiosa y a la fe, en un sentido más profundo?

Y se contesta: "Si reflexionamos sobre esta pregunta, vemos pronto que encontramos en la cuna del pensamiento y de la vida religiosa los sentimientos más diversos. En el hombre primitivo, es ante todo el temor el que provoca las ideas religiosas, temer al hombre, a las bestias feroces, a la enfermedad, a la muerte. En este sentido llamó a esta religión, la religión terror; ésta no es creada, es al menos estabilizada por la formación de una carta sacerdotal que pretende ser la que intermediará entre estos seres temidos y el pueblo".

"Hay una segunda fuente de organización religiosa, son los sentimientos sociales. La ardiente aspiración al amor, a la ayuda, a la dirección, provoca la formación de la idea divina, social y moral. Es el Dios Previdencia, que protege, hace obrar, recompensa y castiga. Es el Dios que ama y anima la vida de la tribu, de la humanidad. Tal es la idea concebida bajo los aspectos moral y social".

Casi todos los pueblos del Oriente tienen estas religiones morales y constituyen un progreso importante en la vida de los pueblos. Es también evidente que en las religiones de los pueblos civilizados se mezclan comúnmente las dos formas anteriores. Hay un punto común en ellas, es el carácter antropomorfo de la idea de Dios.

Y Einstein prosigue su pensamiento hasta expresar la tesis que es para él la más profunda y que corresponde a la religiosidad cósmica. Esta no corresponde a ninguna idea de un Dios análogo al hombre.

Expresa Einstein que el individuo siente en esta última etapa de espiritualidad la vanidad de las aspiraciones y los objetivos humanos y, en cambio, el carácter sublime y el orden admirable que se manifiestan en la naturaleza así como en el mundo del pensamiento. La existencia individual le da la impresión de una cárcel y quiere vivir poseyendo la plenitud de todo lo que es, en toda su unidad y su sentido profundo.

En los primeros escalones del desarrollo de la religión, por ejemplo en muchos salmos de David así como en algunos profetas, encontramos ya acercamiento hacia la religión cósmica: pero los elementos de esta religiosidad son más fuertes en el Budismo como lo ha enseñado admirablemente Schopenhauer.

Los genios religiosos de todos los tiempos han sido marcados por esta religiosidad cósmica que no conoce ni dogmas ni Dios que sean concebidos a imagen del hombre. Algunos de ellos han sido considerados como santos.

¿Cómo puede la religiosidad cósmica comunicarse de hombre a hombre, puesto que no conduce a ninguna idea formal de Dios ni a ninguna teoría?

Me parece, continúa Einstein, y precisamente la función capital del arte y de la ciencia, es despertar y mantener vivo este sentimiento entre los que son susceptibles de experimentarlos.

Llegamos así a una concepción de la relación entre la ciencia y la religión muy diferente de la concepción habitual. Muchos hombres consideran la ciencia y la religión como antagónicas e irreconciliables; en cambio yo sostengo que la religión cósmica es el resorte más poderoso y más noble de la investigación científica.

Y con esa mirada llena de satisfacción, ingenua y visionaria, Einstein exclama: Qué profunda alegría por la sabiduría del edificio del mundo y qué ardiente deseo de coger, aunque fueran sólo algunos débiles rayos del esplendor revelado en el orden admirable del Universo, debieron poseer Kepler y Newton para que hayan podido, en un trabajo solitario de largos años, descubrir el mecanismo celeste. No sin razón se ha dicho que en nuestra época consagrada en general al materialismo, los sabios serios son los únicos hombres profundamente religiosos. Pero esta religiosidad se distingue de la del hombre sencillo. El sabio posee el sentimiento de la causalidad de todo lo que sucede. Para él, el porvenir no entraña menos determinación y obligación que el pasado, la moral nada tiene de divino, es una cuestión puramente humana. Su religiosidad reside la admiración estacionada de las leyes de la naturaleza en su armonía: se revela en ella una razón tan superior, que todo el sentido puesto por los humanos en sus pensamientos, no es frente a ella más que un pálido reflejo. Este sentimiento es la medida en que el hombre puede elevarse por encima de la esclavitud de sus deseos egoístas.

Estas opiniones de Einstein pueden tener amplios comentarios porque un sentido humanista nos está diciendo que ese cosmos y esa ordenación infinita obedecen no a una ciega armonía sino a un sentido profundamente alto de lo que es Dios como forjador de la excelencia más profunda que es el espíritu humano.

Casa de Albert Einstein en Princeton, NJ. USA

V

POR EL MUNDO DE LA CULTURA

Como última referencia al aniversario que se celebra en este año en honor del gran físico y matemático Albert Einstein, sólo quiero referirme a un punto interesantísimo que servirá de base a mis seres queridos radio escuchas para estimar al alcance de las ideas científicas de tan distinguido científico. Me refiero a sus ideas sobre el método de la Física Teórica.

> "Si queréis aprender de los físicos teóricos algo sobre los métodos que emplean, les propongo observar el principio siguiente: no escuchar sus palabras, sino atender a sus actos"

Con estas palabras Einstein se refiere a esos dos aspectos metodológicos en cuanto a la fuente del conocimiento: el empirismo y el racionalismo. El primero trata de sacar todo el conocimiento de la experiencia, y el segundo de la razón.

"Veneramos la antigua Grecia, sigue exponiendo Einstein en su famoso discurso de recepción y en la Academia de Ciencias de Prusia, como la cuna de la ciencia occidental. Allí, por vez primera, se creó un sistema lógico, maravilla del pensamiento, cuyos enunciados se deducen tan claramente unos de otros que cada una de las proposiciones demostradas no despierta la menor duda: se trata de la Geometría de Euclides. El que en su juventud no ha experimentado entusiasmo ante esta obra, no ha nacido para ser un sabio".

Inmediatamente Einstein se refiere al segundo aspecto del conocimiento: o sea el empírico, el que se basa en la experiencia y agrega:

"Pero para estar maduro para una ciencia que abarcara la realidad, era necesario un segundo conocimiento fundamental que hasta Kepler y Galileo no era el bien común de los filósofos. Por sí solo el pensamiento lógico ni puede proporcionarnos conocimiento sobre el mundo de la experiencia, todo lo que conocemos de la realidad viene de la experiencia y conduce a ello. Proposiciones puramente lógicas son completamente vanas con respecto a la realidad"

En esta dualidad se colocan el sabio y él mismo se pregunta:

"Pero entonces, si la experiencia es el alfa y el omega de todo nuestro sabor tocante a la realidad como afirman los empiristas, ¿cuál es, pues, el papel de la razón en la ciencia?"

Y contesta en la forma más interesante:

"La razón da la estructura del sistema, los contenidos experimentales y sus relaciones recíprocas deben encontrar, gracias a las proporciones consecuentes de la teoría, sus representaciones. Únicamente, en la posibilidad de tal representación se encuentran el valor y la justificación de todo el sistema, y, en particular, los conceptos y principios que constituyen su base".

"Por lo demás, estos conceptos y principios son creación libres del espíritu humano, que no se puede justificar *a priori*, ni por la naturaleza del espíritu humano, ni por otro camino".

Tomando en cuenta estas ideas, se ve como Einstein no sólo da su aprobación a los estudios experimentales y a los resultados que por inducción se pueden obtener, sino que va más adelante, comprueba las conclusiones lógicas de la pura razón, siempre que éstas lleguen a tener una justa representación en el mundo de los hechos.

En este campo se encuentra la gran investigación de Newton, el primer creador de la física teórica que siempre sostuvo que las ideas y las leyes fundamentales de su sistema debían proceder de la experiencia. Y por ello afirmó que le sirvieron racionales principios de base a toda su doctrina y que por lo tanto no venía de la propia experiencia. Las concepciones de masa, de inercia, de fuerza, de reposo absoluto y sobre todo de tiempo y espacio infinitos y eternos, no las sacó y las estableció siguiendo la vía experimental. Este contradice aquel principio que siempre sostuvo y que lo expresaba así: "Hypetheses non finge".

La Teoría de la Relatividad ha sabido enlazar consecuentemente el dominio de la razón con el dominio de la experiencia.

Para Einstein: "Los conceptos matemáticos utilizables pueden ser "Sugeridos" del Sol en 1918.

Este experimento se llevó a cabo para determinar el efecto de la atracción solar sobre un rayo de luz al pasar por sus cercanías. Los delicados estudios astronómicos realizados entonces y que ulteriormente han confirmado los famosos pronósticos hechos por Einstein en su teoría general de la Relatividad.

Otras consecuencias.

Esta Teoría General de la Relatividad tiene también otras consecuencias extraordinarias. Una de éstas es que no debe haber en el Universo una cantidad infinita de materia. No sólo es curvo el espacio situado cerca de la Tierra y del Sol, sino que, también lo es el espacio que encierra todos los sistemas astrales. Y esta esfericidad da un límite definido al número de astros del Universo y a sus proporciones en términos de año luz.

Estudios posteriores, especialmente los del holandés De Sitter y las observaciones astronómicas de Hibbeler en los Estados Unidos parecen dar una imagen definida de las dimensiones de nuestro Universo.

En tales conceptos el Dr. Compton señala la importancia de la doctrina de Einstein y el futuro de la misma, ya que apenas se han sacado unas cuantas consecuencias de tan vastísima lucubración.

VI

ALBERT EINSTEIN A LOS SETENTA AÑOS

De las tres conferencias organizadas por la UNESCO en honor a Einstein, la primera fue dicha por el sabio profesor Niels Bohr, a ella nos hemos ya referido. La segunda por el Dr. Arthur Compton, ganador del Premio Nobel de Física en el año de 1927. Sus conceptos, tomando a Einstein como el verdadero hombre de ciencia, son interesantes para una nueva concepción de Universo.

"La grandeza de Einstein, afirma el Dr. Compton, no reside en la influencia que haya podido ejercer sobre nuestras costumbres, sino en la perspectiva más exacta que nos ha dado del mundo que habitamos. Nos ha ayudado a comprender más claramente las relaciones que existen entre nosotros y el universo que nos rodea".

En 1921 Albert Einstein recibió el Premio Nobel de Física "por su descubrimiento de la ley del efecto fotoeléctrico". Se eligió este aspecto de sus estudios teóricos porque se prestaba a experimentos precisos que confirmaban plenamente dicha ley. Sin embargo lo que ha hecho justamente célebre a Einstein ha sido su "Principio de la Relatividad".

Hacia 1900, se descubrieron nuevas propiedades de los cuerpos en movimiento rápido. Estas propiedades no se podían explicar por las teorías físicas aceptadas desde hacía mucho tiempo. Veamos un ejemplo característico.

Se descubrió que aumentaba considerablemente la masa de un electrón cuando se le daba movimiento a gran velocidad. Para explicar este fenómeno, se formularon varias hipótesis especiales, pero tales hipótesis especiales no tenían justificación alguna.

Luego, en 1905, Einstein sugirió que las leyes de la Física, tal como se observan, podrían no depender de la velocidad con que se mueve el observador en el aspecto.

Estimaba que únicamente la velocidad con que se mueve un cuerpo con relación al observador puede afectar el comportamiento de los elementos de dicho cuerpo. Los cambios en las propiedades de los cuerpos que se mueven a grandes velocidades confirman los resultados matemáticos de esta simple hipótesis. Ya no había necesidad de formular hipótesis especiales. Por tanto, la ciencia ha abandonado el concepto de una estructura del espacio –espacio de éter inmóvil– dentro del cual pudiéramos imaginarnos estar en movimiento. Según la "Teoría Particular de la Relatividad", el único movimiento que tiene significado alguno es el de un cuerpo con relación a otro.

Consecuencias de la doctrina.

De esta teoría se desprenden consecuencias inesperadas, como por ejemplo, la de que la masa de un cuerpo está en proporción a su energía, cosa que ya ha sido confirmada experimentalmente.

Fue este principio el que condujo a Lise Meitner al descubrimiento de la tremenda energía que acompaña la desintegración del átomo. Apenas comenzaba el mundo científico a acostumbrarse a los términos de esta relatividad particular, cuando en 1915 Einstein establecía la Teoría General de la Relatividad.

<u>Teoría General de la Relatividad</u>.

Esta nueva doctrina toma en cuenta no sólo las velocidades, sino también los aumentos de velocidad y aceleraciones, de unos cuerpos con relación a otros.

Introdujo Einstein aquí un nuevo concepto: el de la densidad. Según el sabio, el peso de un cuerpo, es decir, la atracción que ejerce sobre él la fuerza de la gravedad, no es más que la reacción contra el cambio forzado del movimiento.

<u>Consecuencias de esta tesis</u>.

"Dedujo Einstein que cerca de una masa como la Tierra, hacia la cual caen los cuerpos abandonados a sí mismos, debe existir un estado natural de movimiento diferente del que exista a mayores distancias de dicha masa. El sabio descubrió que tal estado natural de movimiento cerca de la Tierra, podría ser descrito mediante modificaciones que corresponden aproximadamente a las curvas de los paralelos que marcan las longitudes del globo. La consecuencia más conocida de este descubrimiento fue el experimento realizado por la expedición británica que observó el eclipse por la experiencia pero en ningún caso, ser deducidos de ella. La experiencia sigue siendo naturalmente el único criterio de la "posibilidad" de utilización de una construcción matemática para la física, pero en la matemática es donde se encuentra el principio verdaderamente creador".

Estas ideas van a fondo en la cuestión. En realidad hay una relación perfectamente íntima entre el mundo de la razón y el mundo experimentable de la Física. Muchas doctrinas en un principio no basadas en la experiencia fueron el punto fundamental de doctrinas que parece que jamás habrían de ser confirmadas. Tal es el caso de las Geometrías no euclidianas. Sin embargo con el tiempo se llega a demostrar que son efectivamente aplicables al mando físico y Einstein la utiliza brillantemente. También es cierto que el mundo físico ofrece aspectos contingentes y de probabilidad, pero haciendo las correcciones respectivas, se encuentra una magnífica elaboración conceptual y matemática.

Lo que en realidad ha faltado, y no lo ha indicado Einstein, aunque sí lo ha realizado a través de sus doctrinas, es la creación de una matemática más cerca de la realidad. Es por ello que se encuentran doctrinas como el Cálculo de los Vectores y Tensores, que aprovechan las concepciones físicas y, a la vez, existe una Geometría que ya no admite el infinito ni la línea recta según la concepción tradicional, sino que se apoya en una línea llamada geodésica que sufre atracciones gravitatorias y, por lo tanto, está dentro del campo de la física.

Mundo nuevo que requiere una idea más afín entre la razón y la experiencia para decirnos que hay una verdadera armonía preestablecida. Nada más que para ello debemos modificar nuestra estructura lógica, matemática y conceptual "sugerida" en el campo de las realidades físicas.

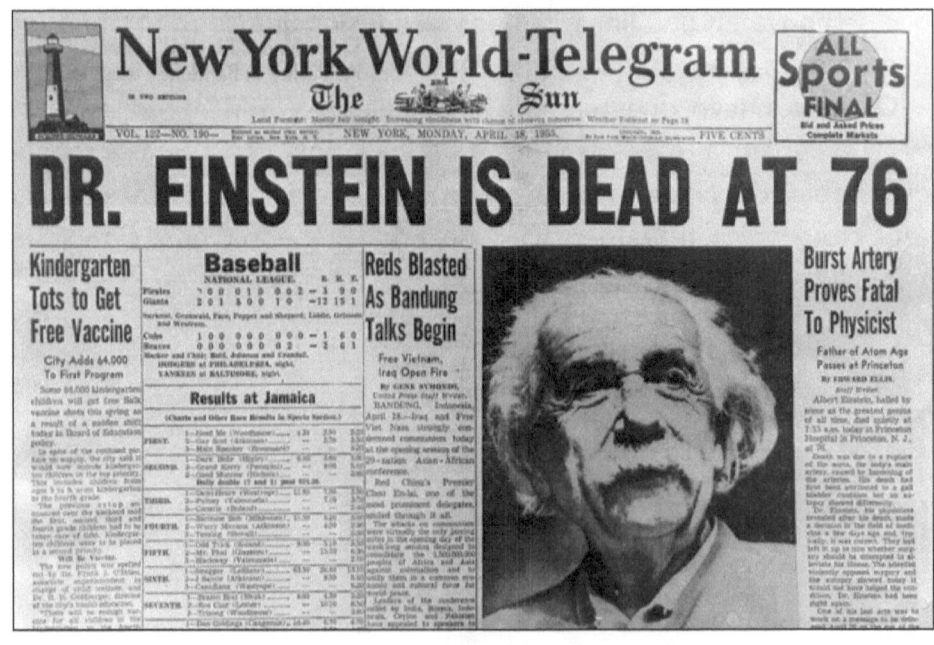

Muerte de Albert Einstein a los 76 años

VII

ALBERT EINSTEIN Y EL MUNDO DE LA PAZ

La tercera conferencia celebrando el 70 aniversario del gran matemático y físico Albert Einstein fue el del matemático francés Jacques Hadamard. No se refirió a la importante labor físico-matemático del sabio judío, sino a su pensamiento en pro de la paz.

Ciertamente Albert Einstein ha dado al hombre una perspectiva más justa del universo. Su teoría sobre los "Quanta" de luz nos ha ayudado a comprender los átomos que componen al mundo de que formamos parte. Su Teoría de la Relatividad nos ha enseñado a pensar con arreglo a lo que observamos y no basándonos en una estructura imaginaria del espacio. Con su Teoría General de la Relatividad ha unificado nuestras leyes del movimiento y nuestra ley de gravitación. Nos ha permitido conocer nuestro universo más claramente; un universo limitado ahora en extensión, pero infinitamente más amplio que aquél con que soñamos antes de que su genio viniera a estimular el pensamiento del mundo científico.

En realidad Einstein espera unificar en una sola fórmula todas las fuerzas de la física, es decir, las de gravitación, las eléctricas y las nucleares. Pero ahora no se trata de esto, es necesario que se refiera a este sabio matemático francés sobre su aspecto puramente humanista. Fue por allá en 1914 cuando publicó un manifiesto de casi un centenar de intelectuales alemanes a favor de la guerra; y entonces Einstein con todo valor condenó ese documento que constituye, hasta la fecha, una réplica de la conciencia humana.

Su visión moral fue firme. El mundo necesita la paz; con ello conseguirá la prosperidad de la cultura y de su bienestar. Ingresó más tarde a la sociedad de las naciones y también se alejó de ella porque no veía más que ambiciones de las grandes potencias militares. Va a Paris en 1922, invitado por el Colegio de Francia y siempre se le observó con la serenidad más grande en las controversias haciendo lucubraciones de carácter científico pero alentando siempre en toda ocasión su gran espíritu en pro de la paz.

Sólo quiero referir a mis queridos radio-escuchas una opinión de este magnífico matemático y hombre de bien. Se le preguntó por qué la mayoría de los estudiantes se les dificultaba el estudio de las matemáticas. Se pensó entonces que iba a contestar tomando en cuenta la complejidad intelectual de esta ciencia, los problemas que requieren concentración, laboriosidad y persistencia, y sobre todo, la necesidad de una inteligencia despierta a los más hondos vericuetos del razonamiento. Pero Einstein se concretó a decir: "la dificultad de las mentes juveniles para entender la matemática estriba en que no han sido suficientemente educadas en el sentimiento del ritmo". Ciertamente, las matemáticas, llevan un ritmo interior, el más profundo que sólo la visión del universo puede entregar a la mente y a la contemplación del intelecto.

Con esta contestación nos ha dado lugar a meditar constantemente en que el hombre no llega a profundizar los desarrollos matemáticos porque en su vida emocional, volitiva, intelectual no tiene la suficiente seriedad que sólo el ritmo puede proporcionar para un trabajo fructífero. La matemática no se escapa de este ritmo. Las deducciones lógicas que el matemático emplea, son una suerte de arte ornamental interno que, con su división en premisas, afirmaciones y pruebas, sólo encontramos entre aquellos hombres rítmicos como fueron los griegos y los árabes en lejanas épocas.

El arte ornamental siempre se ha proyectado hacia fuera, en cambio, el arte ornamental en la matemática, corresponde únicamente al campo interno del espíritu, a la región de los pensamientos en su más pura manifestación.

El profesor Dehn de la Universidad de Frankfurt ha dado una brillante explicación al ritmo empleado en las matemáticas y sería algo interesante que nosotros intentáramos exponer sus ideas porque dejaría de tenerse esa idea de horror y aún de suplicio al imaginar que las matemáticas son un estudio sin belleza, alambicado y sólo lleno de arideces y dificultades para la inteligencia.

Las matemáticas son un elemento vital en la vida del hombre, están relacionadas con su producción artística filosófica y en el transcurrir de los siglos pueden interpretarse como una manifestación pura y diáfana de ese ritmo que ha dominado a los pensamientos.

Dr. Adalberto García de Mendoza

Biografía del Dr. Adalberto García de Mendoza

El Dr. Adalberto García de Mendoza, reconocido como "El Padre del Neokantismo Mexicano" Fue professor erudito de Filosofía y Música en la Universidad Nacional Autónoma de México por más de treinta y cinco años. Escribió aproximadamente setenta y cinco obras de Filosofía (Existencialismo, Lógica, Fenomenología, Epistemología) y Música. También escribió obras de teatro, obras literarias e innumerables ensayos, artículos y conferencias.

Nació en Pachuca, Hidalgo el 27 de marzo de 1900. En 1918 recibe una beca del Gobierno Mexicano para estudiar en Leipzig, Alemania donde tomó cursos lectivos de piano y composición triunfando en un concurso internacional de improvisación.

Regresó a México en el año 1926 después de haber vivido en Alemania siete años estudiando en las Universidades de Berlin, Hiedelberg, Baden, Tubinga y Stuttgart. Ahí siguió cursos con Rickert Windelband, Cassires, Natorp, Husserl, Scheler, Hartmann y Hidegger, de modo que su formación filosófica se hizo en contacto con la fenomenología, el neokantismo, el existencialismo y la axiología, doctrinas que por entonces no eran conocidas en México.

Al año siguiente de su llegada en 1927, inició un curso de lógica en la Escuela Nacional Preparatoria y otros de metafísica, epistemología analítica y fenomenología en la Facultad de Filosofía y Letras. En estos cursos se introdujeron en la Universidad Nacional Autónoma de Mexico las nuevas direcciones de la filosofía alemana, siendo el primero en enseñar en México el neokantismo de Baden y Marburgo, la fenomenología de Husserl y el existencialismo de Heidegger.

En 1929 recibió el título de Maestro en Filosofía y más tarde en 1936 obtuvo el título de Doctor en Filosofía. También terminó su carrera de Ingeniero y más tarde terminó su carrera de Licenciado en Derecho en la Universidad Nacional Autónoma de México. Ingresó al Conservatorio Nacional de Música de México donde rivalidó sus estudios hechos en Alemania y recibe en 1940 el título de Maestro de Música Pianista.

En 1929 el Dr. García de Mendoza hizo una gira cultural al Japón, representando a la Universiadad Nacional Autónoma de México. Dio una serie de conferencias en la Universidad Imperial de Tokio y las Universidades de Kioto, Osaka, Nagoya, Yamada, Nikko, Nara Meiji y Keio. En 1933 la Universidad de Nuevo León lo invita para impartir 30 conferencias sobre fenomenología.

De 1938 a 1943 fue Director del Conservatorio Nacional de Música en México. Aqui mismo impartió clases de Estética Musical y Pedagogía Musicales.

En 1940 la Kokusai Bunka Shinkokai, en conmemoración a la Vigésima Sexta Centuria del Imperio Nipón, convocó un concurso Internacional de Filosofía, donde el Dr. García de Mendoza obtuvo el primer premio internacional con su libro "Visiones de Oriente.". Es una obra inspirada en conceptos filosóficos Orientales. Recibió dicho premio personalmente en Japón en el año de 1954 por el Principe Takamatzu, hermano del Emperador del Japón. Desde 1946 hasta 1963 fue catedrático de la Escuela Nacional Preparatoria (No 1, 2 y 6) dando clases de filosofía, lógica y cultura musical. También desde 1950 hasta 1963 fue catedrático en la Facultad de Filosofia y Letras y la Facultad de Ciencias Politicas de la UNAM dando clases de metafísica, didáctica de la filosofía, metafísica y epistemología analítica. También dio las clases de filosofía de la música y filosofía de la religión, siendo el fundador e iniciador de estas clases.

Desde 1945 a 1953 fue comentarista musicólogo por la Radio KELA en su programa "Horizontes Musicales.". En estos mismos años dio una serie de conferencias sobre temas filosóficos y culturales intituladas:" Por el Mundo de la Filosofía." y "Por el Mundo de la Cultura" en la Radio Universidad, Radio Gobernacion y la XELA. Desde 1948 a 1963 fue inspector de los programas de matemáticas en las secundarias particulares incorporadas a la Secretaría de Educación Pública. En estos mismos años también fue inspector de los programas de cultura musical, filosofía, lógica, ética y filología en las preparatorias particulares incorporadas a la Universidad Nacional Autónoma de México.

Además fue Presidente de la Sección de Filosofía y Matemáticas del Ateneo de Ciencias y Artes de México. Fue miembro del Colegio de Doctores de la UNAM; de la Comisión Nacional de Cooperación Intelectural Mexicana; de la Asociación de Artistas y Escritores Latinoamericanos; del Ateneo Musical Mexicano; de la Tribuna de México; del Consejo Técnico de la Escuela Nacional Preparatoria de la UNAM y de la Liga de Escritores y Artistas Revolucionarios (LEAR)

Fue un ágil traductor del alemán, inglés y francés. Conocía ademas el latín y el griego. Hizo varias traducciones filosóficas del inglés, francés y alemán al español.

En 1962 recibió un diploma otorgado por la UNAM al cumplir 35 años como catedrático

Falleció el 27 de septiembre de 1963 en la Ciudad de México.

Obras Publicadas

Tratado de Lógica: Significaciones (Primera Parte)
Obra que sirvió de texto en la UNAM donde se introdujo el Neokantismo, la Fenomenología, y el Existencialismo. 1932.
Edición agotada.

Tratado de Lógica: Esencias-Juicio-Concepto (Segunda Parte)
Texto en la UNAM. 1932.
Edición agotada.

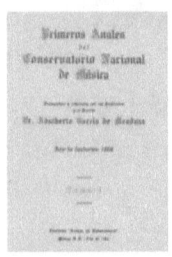

Anales del Conservatorio Nacional de Música (Volumen I)
Clases y programas del Conservatorio Nacional de Música de México. 1941.
Edición agotada.

Libros a la Venta

Filosofía Moderna Husserl, Scheller, Heideger
Conferencias de 1933 en la Universidad Autónoma de Nuevo Leon. Se expone la filosofía alemana contemporánea a través de estos tres fenomenólogos alemanes.
Editorial Jitanjáfora 2004.
redutac@hotmail.com

Visiones de Oriente
Obra inspirada en conceptos filosóficos Orientales. En 1930 este libro recibe el Primer Premio Internacional de Filosofía.
Editorial Jitanjáfora 2007.
redutac@hotmail.com

CONFERENCIAS DE JAPÓN
Confencias sustentadas en la Universidad Imperial de Tokio
y diferentes Universidades de México y Japón. 2009.
Editorial Jitanjáforea 2009.
redutac@hotmail.com

EL SENTIDO HUMANISTA EN LA OBRA DE JUAN SEBASTIAN BACH
Reflexiones Filosoficas sobre la vida y la obra
de Juan Sebastian Bach. 2008.
www.adalbertogarciademendoza.com

JUAN SEBASTIAN BACH: UN EJEMPLO DE VIRTUD
Escrito en el segundo centenario de la muerte de Juan Sebastian Bach
inpirado en "La pequeña cronica de Ana Magdalena Bach." 2008.
www.adalbertogarciademendoza.com

EL EXCOLEGIO NOVICIADO DE TEPOTZOTLÁN
ACTUAL MUSEO NACIONAL DEL VIRREINATO
Disertación filosófica sobre las capillas, retablos
y cuadros del templo de San Francisco Javier en 1936. 2010.
www.adalbertogarciademendoza.com

LAS SIETE ULTIMAS PALABRAS DE JESÚS
COMENTARIOS A LA OBRA DE JOSEF HAYDN
Catedrático de la Facultad de Filosofia y Letras de la Universidad Nacional
Autónoma de México Primavera de 1947. 2011
www.adalbertogarciademendoza.com

www.ingramcontent.com/pod-product-compliance
Lightning Source LLC
Chambersburg PA
CBHW032020170526
45157CB00002B/786